U0010559

YURU YURU

悠哉悠哉深海生物圖鑑

晨星出版

序言

一般來說，海洋的水深只要超過200公尺以上，我們就會稱為「深海」。「深海」在地球上的海洋體積比例占了95%之多，到現在依然充滿許多謎題。深海生物要在一片黑暗中生活，還得一直承受著高壓，環境超乎我們想像的嚴酷。為了適應不可思議的深海生態環境，牠們的外貌大多長得奇特。研究深海生物的生態，會遇到很多困難，而我認為就是因為有很多未解開的謎題，才更讓人覺得深海生物充滿著魅力。海洋生物是我的最愛，為了調查海洋生物，我周遊世界各地釣魚、潛水。尤其在參與深海生物的相關工作之後，每天都會有新的發現，或見識到從未見過的生物。思考生物究竟是怎麼出現時，也必須設法理解深海生物，這是一件多麼浪漫夢幻的事呢！請大家盡情想像深海生物的奇妙之處，跟著我和可愛的水母們一起踏上探索深海生物魅力的旅程！

海洋支配師　石垣幸二

如何閱讀本書？

漫畫

介紹生物如何在深海生活的漫畫。

特徵

深海生物的特徵。很有趣或很厲害的地方。

生物的名稱

有些會是生物的物種名，有些會是屬名。

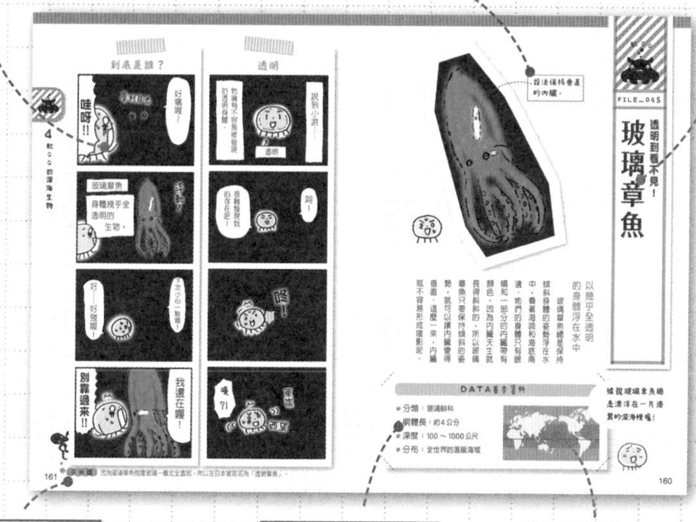

到底是誰？
好窮喔？
哇呀!!
玻璃章魚
身體幾乎全透明的生物。
下次小心一點哪！
好……好強喔！
我還在喔！
別靠過來!!
透明
說到小游……
牠就有不容易被發現的透明身體。
透明
很難發現我的存在吧！
嗯！
咚！
嗄?!
東張
西望
FILE_045
玻璃章魚
透明到看不見！
設法保持垂直的內臟。
以幾乎全透明的身體浮在水中
玻璃章魚總是保持傾斜身體的姿勢浮在水中，看著海面和海底兩邊。牠們的身體只有眼睛和一部分的內臟帶有顏色，因為內臟天生就長得斜斜的，所以玻璃章魚只要保持傾斜的姿勢，就可以讓內臟變得垂直，這麼一來，內臟就不容易形成陰影呢。
DATA基本資料
分類：玻璃蛸科
胴體長：約4公分
深度：100～1000公尺
分布：全世界的溫暖海域
161
160

冷知識

深海生物的祕密。連這個都知道的話，是深海博士吧?!

DATA（基本資料）

分類、體型大小、棲息地的水深深度等資訊。

分布

深海生物的棲息地。地圖上的著色部位就是其棲息地。

本書的導遊

小游

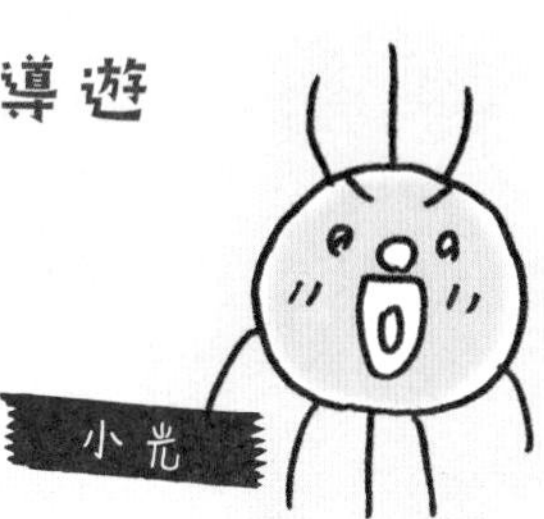

小光

小游是住在深海裡的水母。牠和好朋友小光一起在深海裡過著開朗愉快的生活。小游還會自己發光喔！

小光也是水母，牠是小游的好朋友。小光的頭頂上有一根根像頭髮的細鬚，但那其實是觸手。小光在深海裡經常被捲入各種風波。

目次

悠哉悠哉 深海生物圖鑑

第2章 活蹦亂跳的深海生物 …… 36

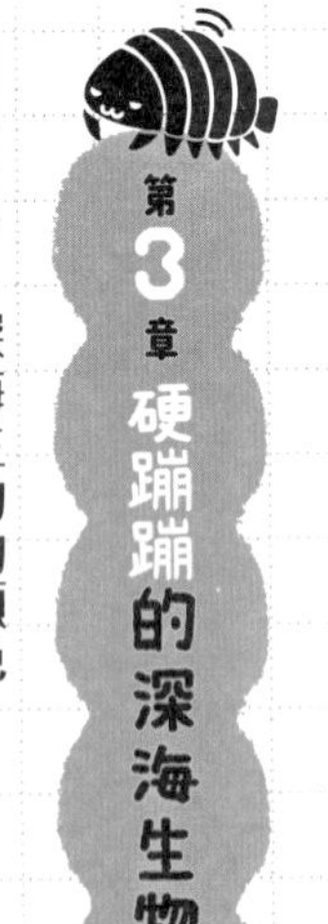

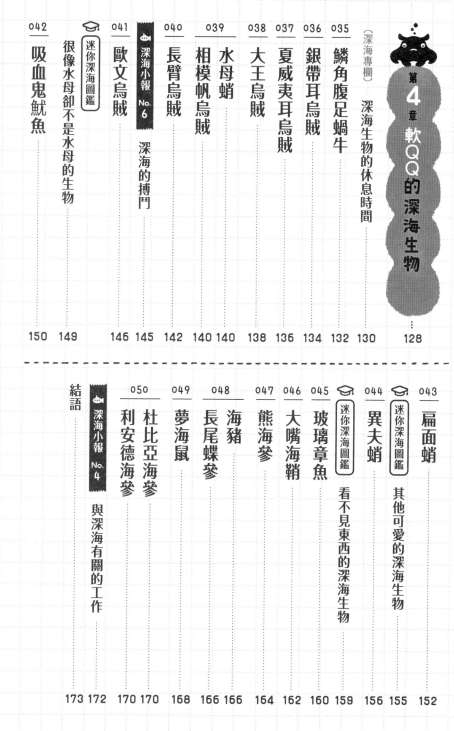

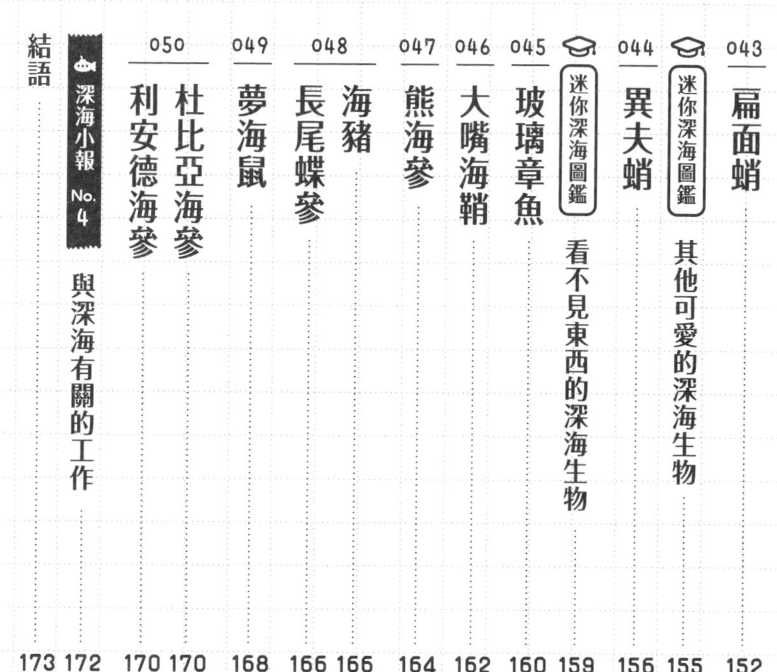

讓人心跳加速的深海環境

深海到底有多深？

深海究竟是個什麼樣的世界呢？會有多深呢？會有什麼樣的生物呢？讓我們跟著小游和小光一起出發去深海探險吧！

表層

海面到水深200公尺的明亮海域。

中深層

僅有微弱的光可抵達此層，又稱為「暮光層」(twilight zone)！

底深層

底深層之下的海域，是一片黑暗。

深淵層

不僅伸手不見五指，水壓還非常高。

超深淵層

幾乎是一個未知的謎樣世界。

海水依照深度分為
好幾層喔！

水深　200公尺

水深比200公尺更深
的就稱為深海。

水深　1000公尺

深海

水深　4000公尺

水最深可達到11000公尺的
深度，其實幾乎所有海水
（約95%）都位於深海！

水深　6000公尺

水深　10000公尺

讓人心跳加速的深海環境

深海的水溫和分層

深海黑暗無比，而且又冰又冷。海水裡的氧氣或鹽分等物質，也會因為到達某個區域而出現變化。對於這樣的區域，我們稱之為「躍層」。

鹽躍層

表層之下，未達水深1000公尺的區域。鹽分濃度會在這個區域出現急遽變化。

氧氣極小層

位在水深150～1500公尺的海域。這個區域裡的氧氣特別稀少。

溫躍層

位在水深200～1000公尺的區域。水溫會在這個區域突然下降許多。

水深300公尺以內的淺海，其溫度會隨著地區和季節而改變喔！
水深 200公尺
當水深超過1000公尺後，不論世界哪一處的海水，溫度都是2～3℃！
水深 1000公尺
深海
水深 4000公尺
如果沒有攪拌浴缸裡的水，靠近底部的水都會比較冷，而海水也是一樣的道理喔！
水深 6000公尺
水深 10000公尺

1章

深海飄來飄去的生物

YURAYURA

p.26
這個洞
究竟是什麼啊...?

一起窺探深海生物的奧妙吧！

p.18

像紅色百葉窗的生物，真面目是什麼?!

p.16

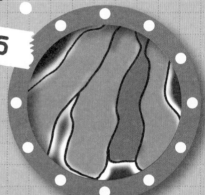

在深海像彩帶般飄啊飄?!

閃亮亮～

p.20

耶！拿到發光的繩子了！

〈深海專欄column〉

水中生物的分類

浮游生物

「浮游生物」是指在水中漂流的生物，牠們是一種會隨著水流讓身體輕飄飄浮動的生物。

蝦子和螃蟹在出生不久時，也是只能夠在水中漂流的浮游生物。生物課時會利用顯微鏡觀察的草履蟲和水蚤，也都是浮游生物。

不過，並非所有的浮游生物都那麼微小。像是外傘直徑長達1公尺的水母，也會在水中輕飄飄浮動，所以也是浮游生物。

輕飄飄

說到小游呢，
牠是浮游生物。

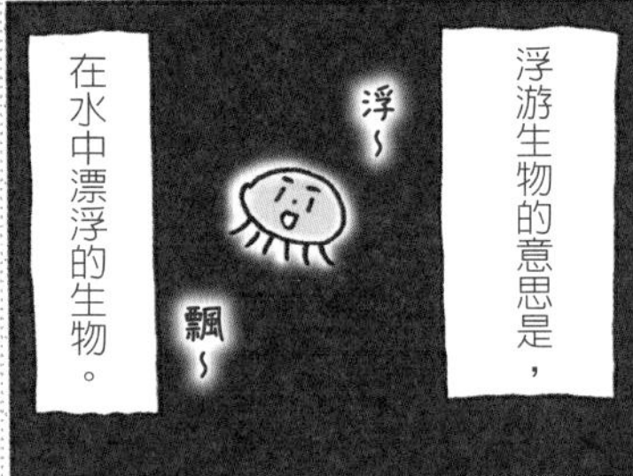
浮游生物的意思是，
浮～
飄～
在水中漂浮的生物。

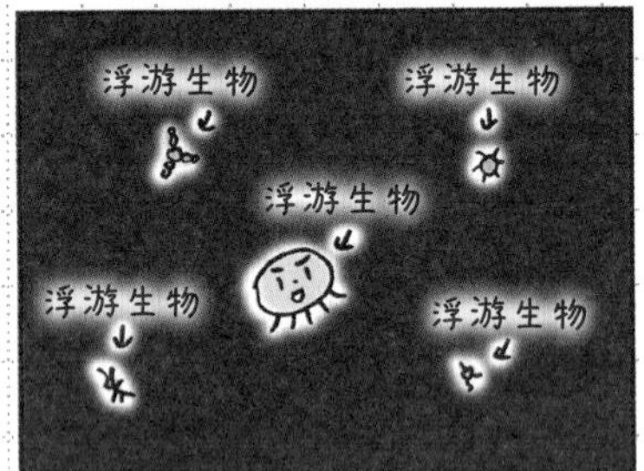
浮游生物
浮游生物
浮游生物
浮游生物
浮游生物

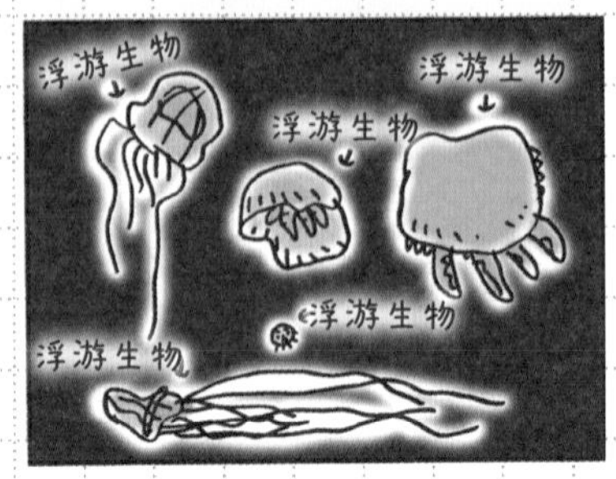
浮游生物
浮游生物
浮游生物
浮游生物
浮游生物

自游生物（或游泳生物）

能夠靠自己的力量游泳的生物，
稱之為自游生物（或游泳生物）。
游ー
自游生物
咻ー

「自游生物」是指能夠逆著水流，靠自己的力量游泳的生物。像是魚類、海豚或鯨魚就是具代表性的自游生物。

底棲生物

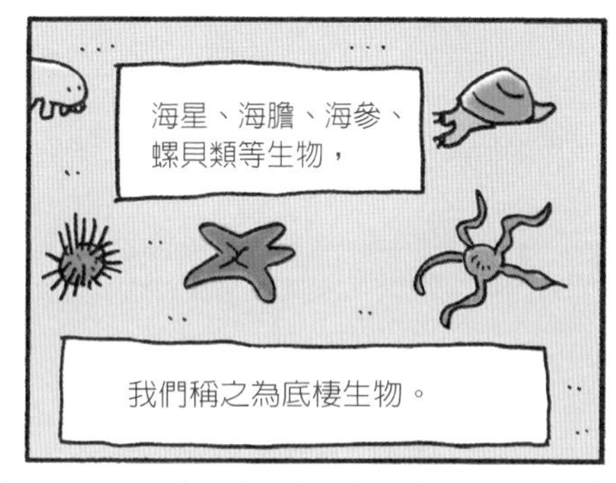
海星、海膽、海參、螺貝類等生物，
我們稱之為底棲生物。

身體緊貼在海底或岩礁上生活的生物，稱為「底棲生物」。如果是鰈魚或比目魚等生物，牠們雖然會游泳，但主要還是在海底生活，所以稱為「游泳底棲生物」。螃蟹或海星等體積偏大的底棲生物，就會稱之為大型底棲生物，體積偏小的則稱之為小型底棲生物。

飄來飄去

FILE_001

冥河水母

水母界裡的大王

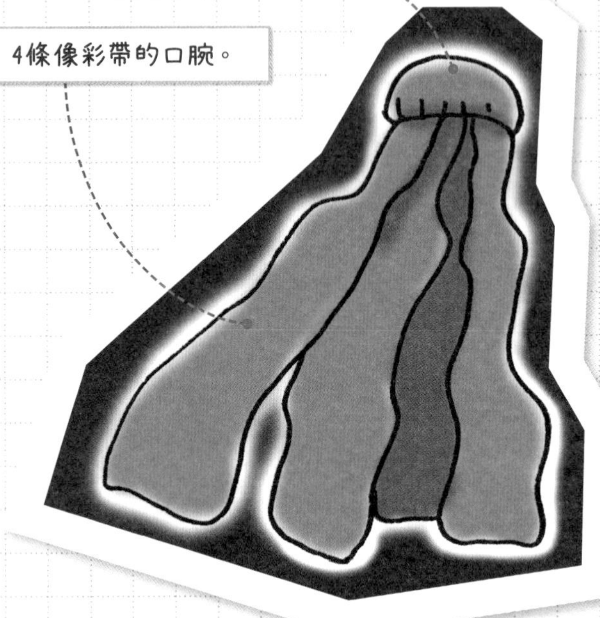

也有外傘直徑超過1公尺的。
4條像彩帶的口腕。

仍有無數未解謎題的巨大水母

冥河水母是一種全長達7公尺的大型水母。目前為止，在世界各地大概只發現過100次左右冥河水母的蹤影。對於冥河水母，還有很多未解開的謎題。據說冥河水母會利用巨大的口腕捕捉獵物，口腕是用來把獵物送進嘴裡的部位。冥河水母的身上沒有毒喔！

DATA基本資料

- 分類：海月水母屬
- 全長：7公尺
- 深度：1000～1700公尺
- 分布：太平洋、南極洋

聽說在日本的海域也發現過冥河水母的蹤影喔！

大王○○

怎麼辦?!大王來了!
咦?!大王烏賊來了?!

不是啦!
是大王水母!!

大王……
水母?
?
?

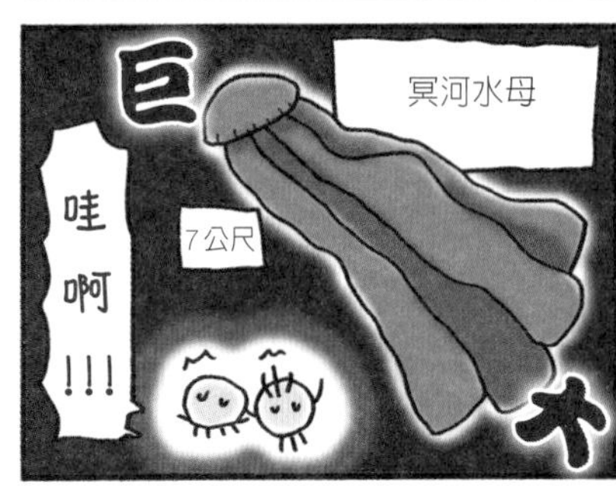

冥河水母
巨
大
7公尺
哇啊!!!

氣勢十足

世界最大的水母
擁有4條像彩帶的口腕

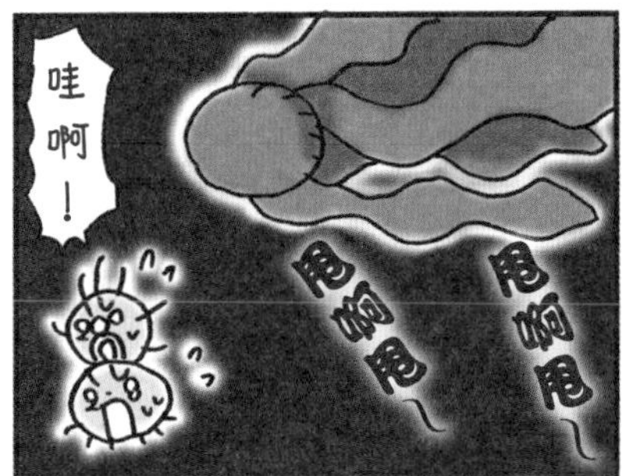

哇啊!
甩啊甩~
甩啊甩~

救命啊!!
甩啊甩~
甩啊甩~

哇!
別逃走啊~
甩啊甩~
我想跟你們當朋友啊~
甩啊甩~

1 飄來飄去的深海生物

冷知識 有時會看見魚兒們在冥河水母的四周一起游動喔!

飄來飄去

FILE_002

紅燈籠水母

可以像燈籠般伸縮

伸縮自如的外傘。

紅紅的地方，是像百葉窗般遮住胃的部位。

觸手可伸長到外傘的6倍長度。

像搖籃一樣的紅燈籠

因為外表簡直就跟紅色燈籠沒什麼兩樣，所以被取名為紅燈籠水母。紅燈籠水母的觸手有用來捕捉獵物的毒刺。有時可看見其他水母、海蜘蛛或鉤蝦的寶寶附著在成體紅燈籠水母的外傘裡。

DATA基本資料

- 分類：隔膜水母屬
- 全長：外傘高度7公分
- 深度：450～1000公尺
- 分布：太平洋、大西洋、南極洋

紅燈籠水母大到要用兩手才捧得住，但如果真的用手捧住牠們，可是會被毒刺刺傷的喔！

想像畫面

我們小時候一定長得很可愛喔～
我也這麼覺得！

圓膨膨
想像畫面

膨膨
圓
想像畫面

完全不是你們想的那樣圓膨膨喔！
啥米?!

相逢時刻

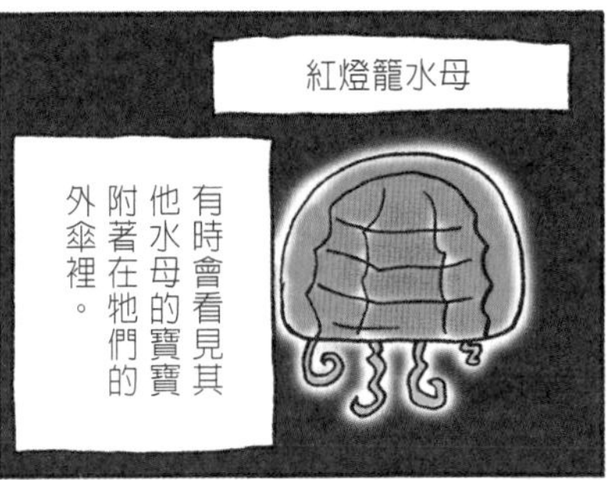
紅燈籠水母
有時會看見其他水母的寶寶附著在牠們的外傘裡。

眼睛睜大一點喔！
期待
滿心

來了喔！

什麼嘛！原來是浮浪幼蟲啊！
浮浪幼蟲
水母寶寶

冷知識
紅燈籠水母是為了不讓人看見牠吃下肚的食物在發光，胃部才會紅紅的喔！（請見p.108）

飄來飄去

FILE_003

彩虹水母

引以為傲的發光觸手

長大後觸手會增加到32根。

深海中的彩虹其實是斷掉的觸手

遇到敵人時，彩虹水母會扯斷自己的觸手。觸手一旦被扯斷，就會發光，彩虹水母就可以趁機轉移敵人的注意力，趕緊逃跑。

DATA基本資料

- 分類：寬模棍手水母屬
- 外傘直徑：5公分
- 深度：500公尺
- 分布：太平洋、大西洋、印度洋

能夠在深海裡看見彩虹真是超棒的！

儘管拉

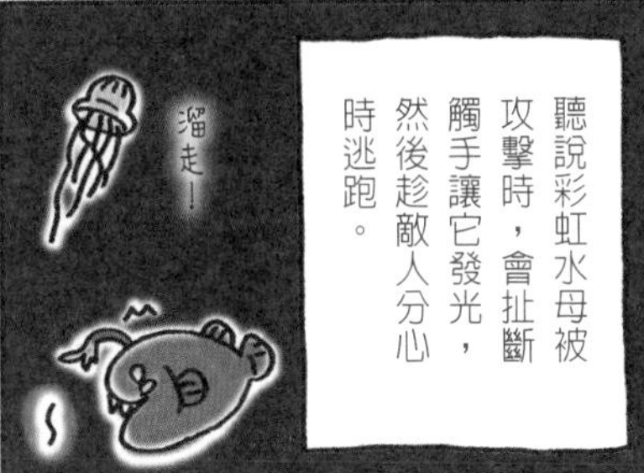
聽說彩虹水母被攻擊時，會扯斷觸手讓它發光，然後趁敵人分心時逃跑。
溜走！

如何？很厲害吧！
漂亮吧？
發光～
好好玩～

你們儘管拉，沒關係～
耶！

我拉～
我拉～
我拉～
我拉～

到手！

偷～偷摸
心驚膽跳

拉～長～

啪！

發光～
彩虹水母的觸手一斷掉就會發光。
哇喔!!

冷知識 彩虹水母的觸手斷掉後會發光，而且會重新長出來喔！

FILE_004

遇上大水母照樣一口吞下！餐盤水母

＊學名 Solmissus Incisa，也可譯作「河童水母」

大大的胃部可以一口吞下獵物。

擁有12～36根觸手。

在深海世界裡，同類也照樣吃下肚？

餐盤水母最喜歡吃水母了。當接近獵物時，為了不被發現，餐盤水母會先舉高外傘上的觸手，再慢慢靠近獵物。餐盤水母的胃部很大，靠近獵物後會直接一口吞下對方。

DATA基本資料

- 分類：主囊水母科
- 浮囊直徑：3～11公分
- 深度：500～1400公尺
- 分布：太平洋、大西洋、印度洋

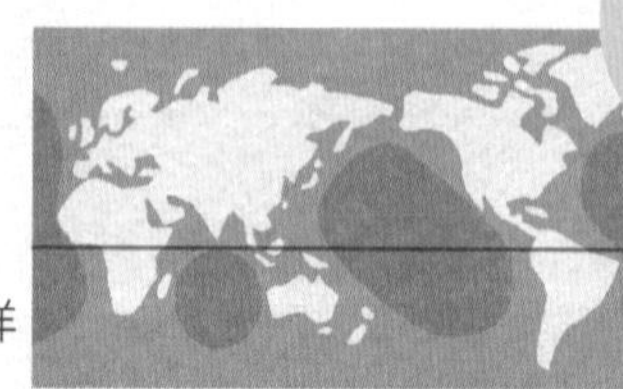

餐盤水母的模樣還真像河童頭頂上的盤子呢！

發光練習

可不可以跟你們一起玩？
好啊～
餐盤水母

我變、我變、我變亮！
發亮～
我變、我變、我變亮！
閃亮亮～

我變、我變、我變亮！
發光～
我變、我變、我變亮！
發亮～

血盆大口！
天呀！

一發光就危險啦！

原來你是敵人！
呵呵呵～
小游！
餐盤水母喜歡吃水母。

我變、我變、我變亮！
發光～
你發光又能怎樣？
在肚子裡也能發光

一口咬住！
媽呀！
逃出！

快跑！
大口
咀嚼
餐盤水母也會因為吃下肚的發光食物而被敵人發現。

冷知識

餐盤水母偶爾也會在淺海出沒喔！

飄來飄去

FILE_005

巨型管水母

世界身體最長的生物?!

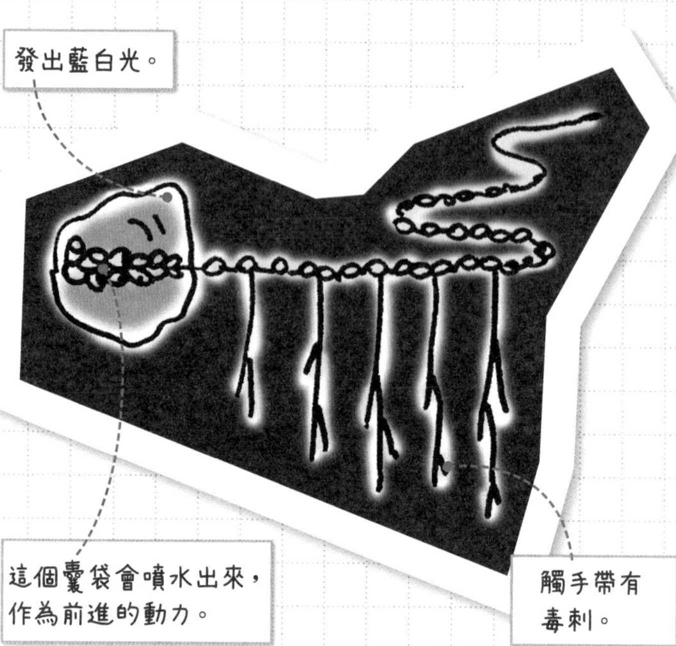
發出藍白光。
這個囊袋會噴水出來，作為前進的動力。
觸手帶有毒刺。

水母群體的奇妙生態

巨型管水母是多數小型水母聚集在一起後，以大型水母的型態生存的水母。水母群體會各自扮演不同角色，有的是負責捕捉獵物的觸手，有的是負責消化食物的內臟等等。

DATA基本資料

- 分類：管水母目
- 身長：數毫米～40公尺
- 深度：0～1000公尺
- 分布：全世界所有海洋

巨型管水母還可能長達40公尺喔！

我們

你們也是水母嗎？
難道你也是水母?!

快
看
!
好長啊!!

畢竟「我們」是世界最長的生物！
原來是這樣啊！
欽佩—

牠剛剛是不是說「我們」啊?!

合體

我們
我們
我們
哇賽!!

巨型管水母是擁有相同「基因」的兄弟姊妹合體而成的水母群體。
兄弟姊妹
原來如此……
好強！

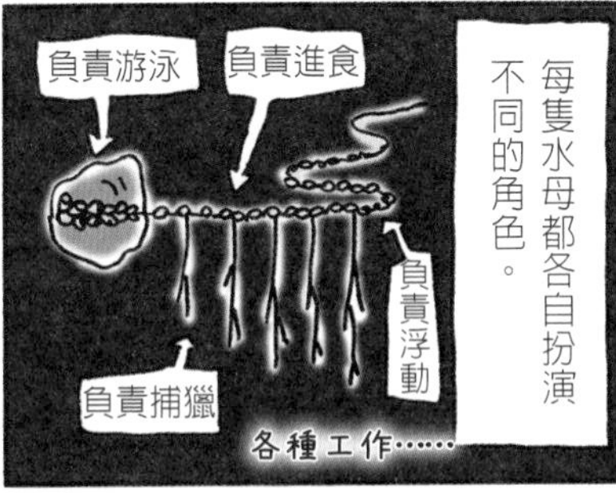
每隻水母都各自扮演不同的角色。
負責進食
負責游泳
負責浮動
負責捕獵
各種工作……

好像合體機器人喔！

冷知識
「群體」是指由各自負責不同工作的小型個體合體而成的生物。

飄來飄去

FILE_006

②①風船水母 瓜水母

在深海裡閃爍光芒的「櫛板動物」

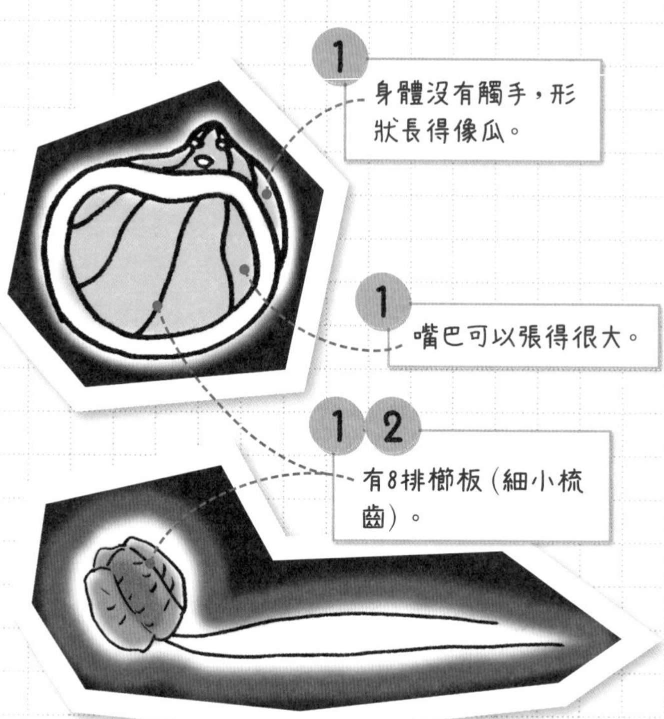
①
身體沒有觸手，形狀長得像瓜。
①
嘴巴可以張得很大。
①②
有8排櫛板（細小梳齒）。

利用閃閃發光的櫛板在水中浮游

瓜水母和風船水母會振動身上由纖毛聚集排列而成的「櫛板」，像是掀起波浪般的方式游泳，櫛板還會因為光線反射而發光。瓜水母會張開大大的嘴巴，一口吞下獵物。風船水母會利用兩根長長的觸手貼住獵物，牠們的觸手還可以收進體內的「觸手鞘」*。

瓜水母和風船水母圓滾滾的身體非常容易破裂喔！

DATA基本資料

- 分類：①瓜水母目
  ②球櫛水母目
- 身長：①7公分 ②1.5～4.5公分
- 深度：①450～750公尺
  ②60～4600公尺
- 分布：①太平洋、大西洋、南極洋
  ②全世界所有海洋

*鞘，裝刀劍的套子。所以觸手鞘是收放觸手的套子。

水母的爭吵

上吧！瓜水母！
看我的——
呃……

哇啊～
越張越大

瓜水母會一口吞下兜水母等獵物來進食。
含住！
咦?!

好……好險！
雖然不曉得發生什麼事，但是我們贏了吧?!
心驚膽跳
心驚膽跳
心驚膽跳
心驚膽跳

好像好像

世上有很多名字奇特的水母。
啊！
怎樣啦?!

那是風船水母耶！
風船水母?!

好像一顆氣球喔～
氣球是什麼東西?!
誰知道？我也不曉得！

那你還說什麼好像氣球！
你也不知道啊！
水母在吵架?!

冷知識　有些瓜水母的同類也會棲息於淺海。

飄來飄去

FILE_007

兜水母

在黑暗深海中發光的兜帽

有8排櫛板(細小梳齒)。
會分泌出黏液。

利用黏液捕捉獵物

當兜水母把嘴巴向四周延展開來時，就會變得很像戴在頭上的兜帽。兜水母會振動櫛板，像飛船一樣緩緩游向前。在光線反射下，牠們的櫛板還會閃閃發光喔！

分泌黏液的細胞稱為「黏細胞」喔！

兜水母會被瓜水母當成食物一口吞下！

DATA基本資料

- 分類：兜水母目
- 身長：3～15公分
- 深度：600～1100公尺
- 分布：北太平洋

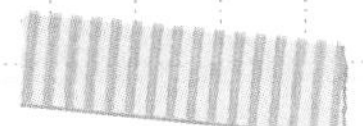

黏糊糊

呃……
我撞！

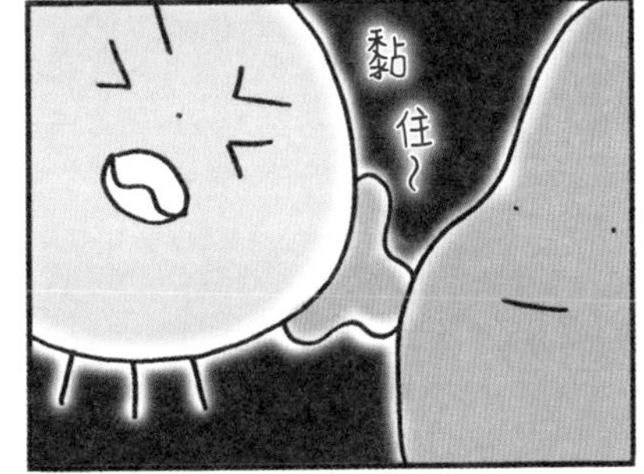
黏住～

有黏糊糊的東西跑出來！
什麼?!

救命啊～
好黏啊!!
黏答答
我撞！
我撞！
黏答答

冷知識 兜水母的胃部大概有身體的一半那麼長。

〈深海專欄column〉

水母的分類

螫人水母

刺胞動物是指身體表面構造帶有「刺細胞」，可從刺細胞伸出毒刺的生物。像是水母、珊瑚、海葵等等，都屬於刺胞動物。

在水母當中，可分為螫人水母（刺胞動物）和不螫人水母（櫛動板物）兩種。屬於刺胞動物的水母會利用毒刺來捕捉獵物，或保護自己。

水母的分類

水母大致可分為兩類。

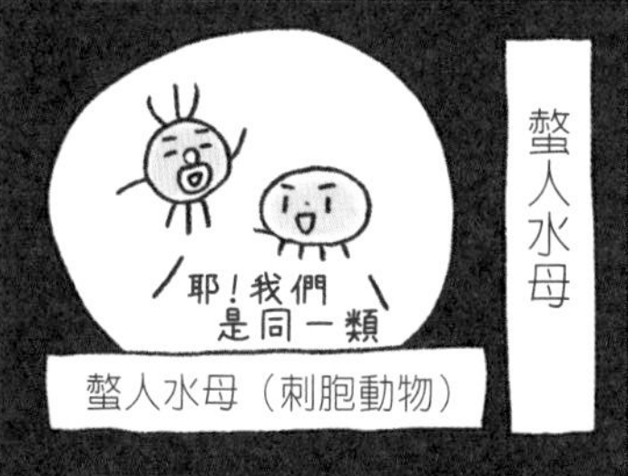

螫人水母
耶！我們是同一類
螫人水母（刺胞動物）

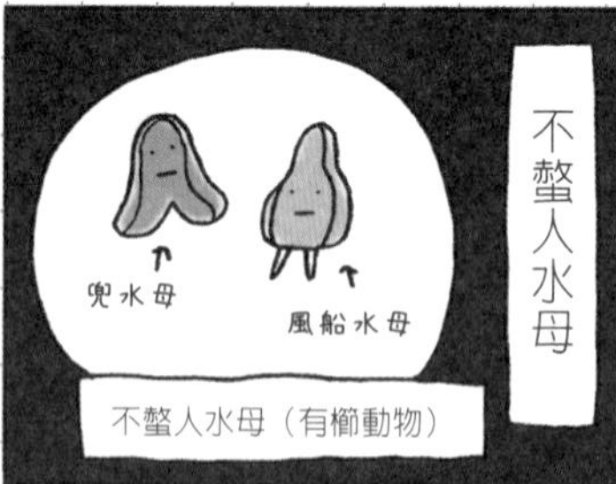

不螫人水母
兜水母
風船水母
不螫人水母（有櫛動物）

有點瞧不起人。
呵！
打擊—！

攻擊

不會螫人就等於沒有攻擊力嘛！
根本超弱!!

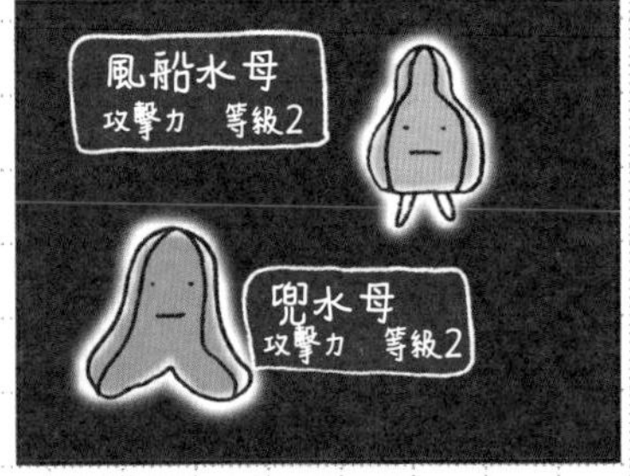
風船水母
攻擊力　等級2
兜水母
攻擊力　等級2

噫?!
小光
攻擊力　等級1
怎麼會?!
小游
攻擊力　等級1

呵呵呵
怎……怎樣啦!!
小心翼翼
想打架嗎?!
呵呵呵

不螫人水母

不螫人水母（櫛板動物）的身上有8排櫛板（纖毛），這些櫛板會因為光線反射而閃閃發光。這類水母會像掀起波浪般振動櫛板游泳，所以也被稱為櫛水母。櫛水母的身上沒有刺細胞，所以不具有毒性。不過，當中有些水母會分泌黏糊的液體來捕捉獵物。

不論是屬於刺胞動物的水母，還是櫛板動物的水母，身體都是由寒天質（透明果凍狀的物質）所組成。

〈深海專欄column〉

為什麼水母要鼓脹身體？

鼓脹身體

水母會鼓脹身體來移動。
沒錯耶！

這樣的動作稱為「脈動」。
是喔～

脈動!!
鼓起來！
鼓起來！

脈動!!
鼓起來！
原來有這麼帥氣的說法!!
鼓起來！

代替心臟的脈動

水母鼓脹身體的動作稱為「脈動」。就像動物的心臟跳動，把血液送達全身一樣，水母的脈動是為了把養分送達全身。所以對沒有心臟的水母來說，脈動是非常重要的。

只是單純

水母能夠靠全身去聆聽或聞味道喔！
全身?!

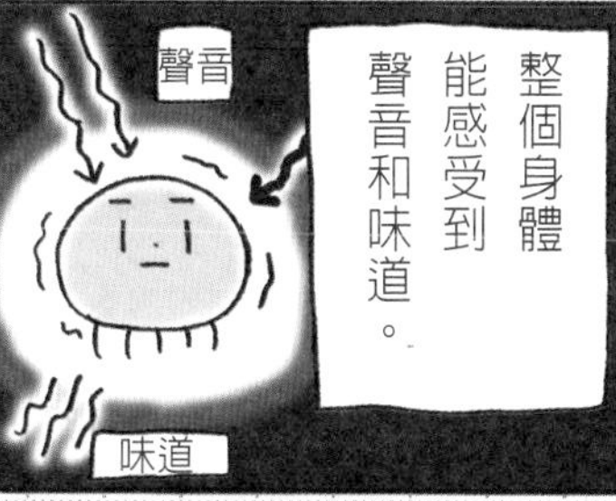

整個身體能感受到聲音和味道。
聲音
味道

水母的全身既是耳朵，也是鼻子。

怎麼越聽越覺得我超厲害的!!
不，你只是單純。

水母全身都能感受聲音

人類是靠耳朵內側的鼓膜，去感受空氣傳來的振動後，才聽得見聲音。至於味道，人類則是可以靠鼻子去感受。

不過，水母沒有耳朵，也沒有鼻子。牠們會以整個身體來取代耳朵和鼻子，去感受海水傳來的振動。

〈深海專欄column〉

水母的觸手是指哪個部位？

從內傘邊緣長出來的才是觸手

水母的觸手是指從內傘邊緣長出來的東西，水母會利用觸手來捕捉獵物。

從內傘中央正下方長出來的稱為口腕，口腕是嘴巴四周的部位變形而來的。水母會利用口腕把獵物送進嘴裡。

彎彎的觸手

水母的觸手，

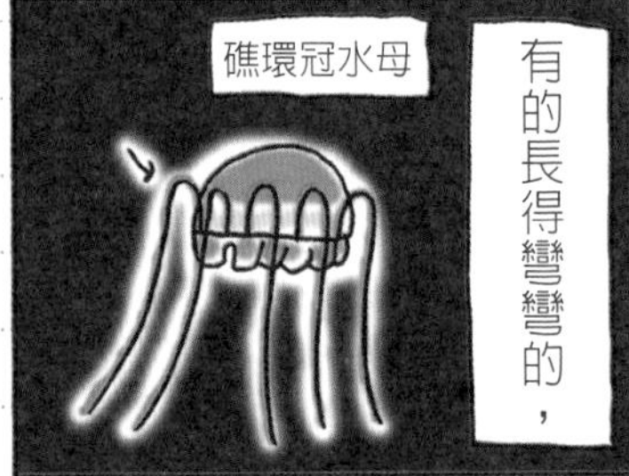

有的長得彎彎的，
礁環冠水母

有的有兩種不同長短的觸手，
水螅水母
短
長

也有一隻觸手也沒有的水母
鮫水母
那不是觸手？
不是喔～
這叫作口腕。

水母就是大海

水母的身體有95%以上都是水分，
95%

而且成分和海水幾乎相同。
海水
海水

也就是說
我們不用喝水也沒關係！
超厲害～

水母幾乎等於海水。
感覺就像溶解在海水裡喔。
深受打擊
← 海水

水母的身體幾乎都是水分

水母有著看起來像果凍的透明身體，牠們的身體有95～99%都是水分，而且和海水含有相同濃度的鹽分，其他成分則是微量的蛋白質和碳水化合物。

人類的體重有60%是水分，和人類比起來，水母體內的水分相當多。

2

章

深海活蹦亂跳的生物

PICHIPICHI

p.96

怎麼下巴
破了一個洞?!

一起窺探深海生物的奧妙吧！

p.70

這條魚是成魚
還是幼魚啊？

p.56

棒子的前端
長了什麼東西啊？

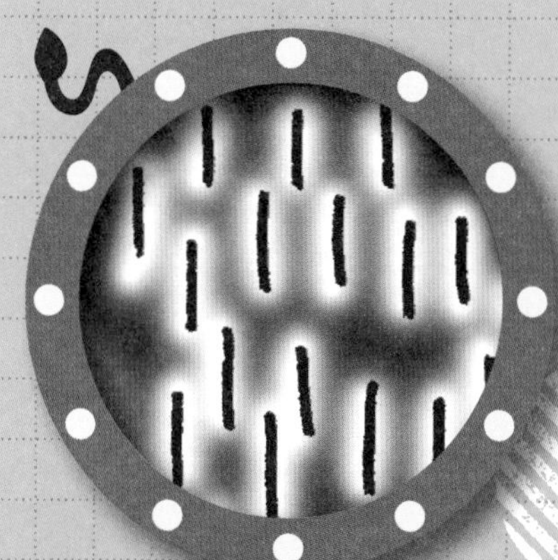

p.86

這也是
生物嗎？!

〈深海專欄column〉

深海生物捕捉獵物時的招數

大大的嘴巴和尖牙

比起淺海，深海的食物少得可憐。所以，深海生活的生物們一有機會遇到食物，就不會錯過。為了絕不讓獵物逃跑，牠們會靠大大的嘴巴和鋒利的尖牙來幫忙獵捕食物，算是在深海生活的生物們的必備招數之一。

大嘴巴

深海魚當中……

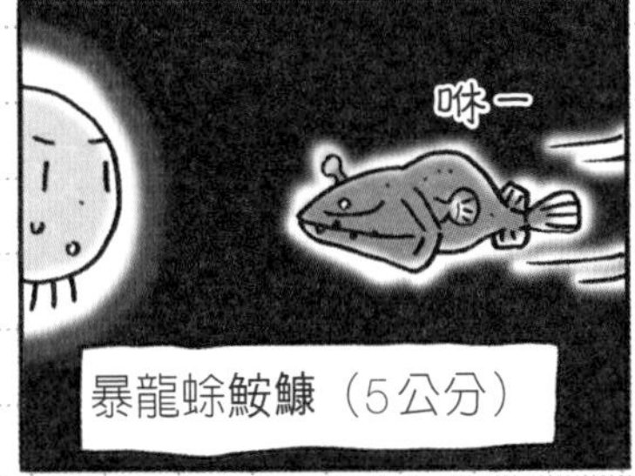
咻—
暴龍蜍鮟鱇（5公分）

驚嚇！
張大嘴巴

逃
救命！
一口
咬下！
很多都是大嘴巴。

發光誘餌

疏刺角鮟鱇會擺動長在頭上的發光誘餌來吸引獵物。燈籠樹鬚魚頭上的誘餌雖然是固定不動的，但能夠擺動下巴的鬍鬚作為誘餌。獨樹鬚魚的嘴巴上方，長有固定不動的發光誘餌。

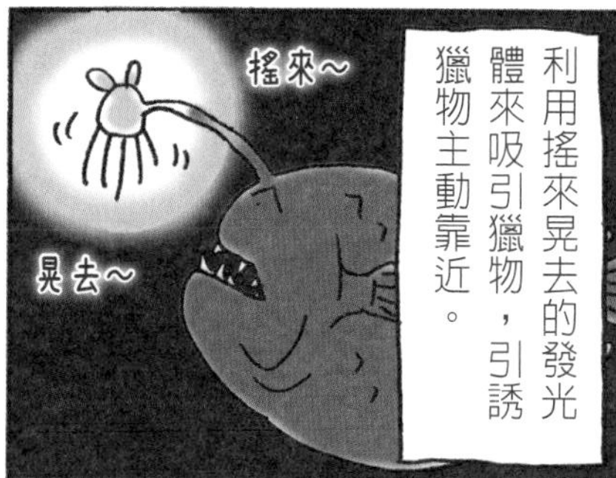
利用搖來晃去的發光體來吸引獵物，引誘獵物主動靠近。
搖來～
晃去～

利用看不見的光

在深海裡不容易看見紅光（p.108）。不過，當中也有像黑柔骨魚（p.96）那樣能夠感受到紅光的生物。黑柔骨魚會在不被察覺之下，朝向獵物照射紅光後，在只有自己看得見的狀況下襲擊獵物。

呵呵呵
我咬！
救命！

活蹦亂跳

FILE_008

疏刺角鮟鱇

擺動發光誘餌的釣魚高手！

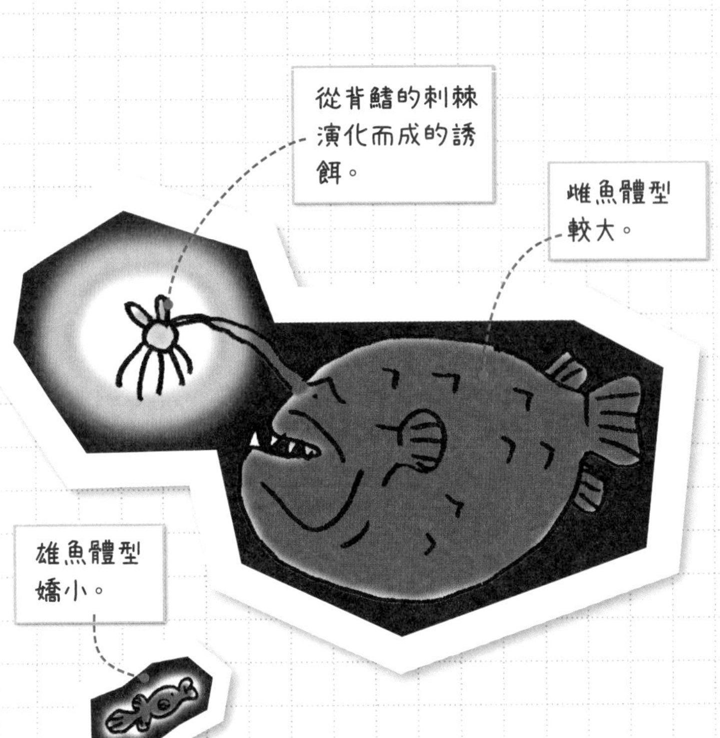
從背鰭的刺棘演化而成的誘餌。
雌魚體型較大。
雄魚體型嬌小。

利用發光的釣竿釣起獵物

誘餌是讓獵物誤以為是食物的東西，疏刺角鮟鱇會讓誘餌發光吸引獵物。牠們會從誘餌部位噴出發光液體，來促使誘餌發光。當獵物以為誘餌是食物而靠近時，疏刺角鮟鱇就會張開大嘴一口吞下獵物。

頭上的光看起來好像燈籠喔！

DATA基本資料

- 分類：疏刺角鮟鱇科
- 全長：4公分（雄魚）
  30公分（雌魚）
- 深度：600～1200公尺
- 分布：太平洋、印度洋、大西洋

美女

我和我的朋友走散了。
但願你能夠找到他。
在深海找人是非常辛苦的事情。

你的朋友長什麼樣？
是個超級大美女！

超級大美女?!
唔呵呵

我的朋友又不是水母！
拍謝！

令人在意的大美女

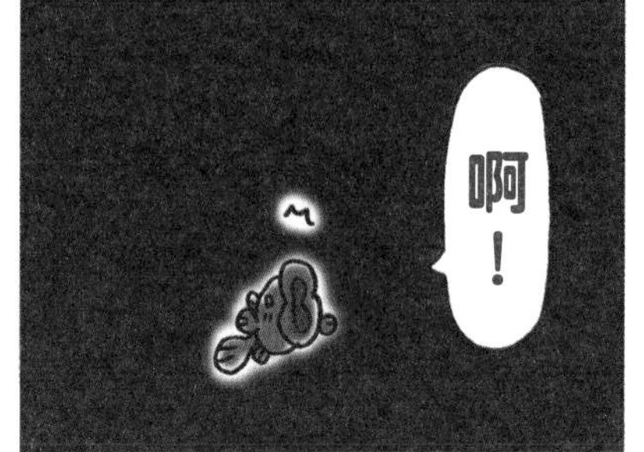
啊！

這不是鮟鱇魚嗎?!
龐然大物

小鮟鮟！
妳跑去哪裡去了？
很多深海魚的雄魚和雌魚的體型和外表都很不一樣。

甩！
啊………
被甩了。

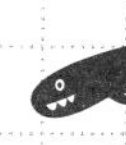

冷知識 這是在日本附近海域鮮少有機會看見的魚種，屬於十分罕見的魚類。

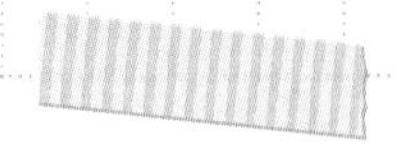
誘餌釣魚法

心跳
怦怦怦

疏刺角鮟鱇會從誘餌部位噴出發光液體，來照亮深海。
發光～

牠們會利用這個發光誘餌來吸引獵物。
搖來～
晃去～

搖來晃去～
好險有發現！差點就要不自覺地靠過去。

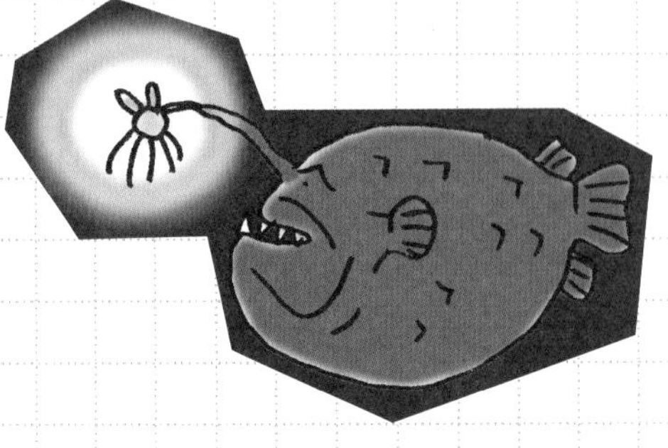

龐大雌魚和嬌小雄魚

疏刺角鮟鱇和其近親的魚種，雌雄在外表上都有著極大的差異。疏刺角鮟鱇的雄魚頂多只有4公分大，差不多是雌魚體型的八分之一。話雖如此，只有4公分大的疏刺角鮟鱇雄魚在其同類當中，還算是偏大的體型，還有體型更小的雄魚。

冷知識　棲息於淺海的鮟鱇類當中，有的也會利用誘餌釣魚法來捕食獵物。

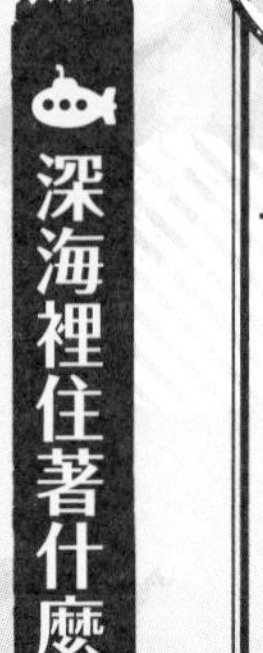
ちょこっと
深海小報

NO.1

深海中的巨大生物

深海裡住著什麼生物?

深海生物當中，有體型非常龐大的生物。從以前就會常常看到大王烏賊（p.138）或皇帶魚（p.84）等生物被打上岸來，牠們巨大的體型總是讓人們嚇得發抖。因為目睹過這些巨大生物，所以各種海洋怪物的傳說也跟著誕生了，像是巨大烏賊或海蛇纏住船隻，最後把整艘船拖入海中等之類的故事。雖然人們持續探索調查，但深海至今仍是一個未知的世界。或許未來還有可能發現超乎想像的巨大生物也說不定。

因為
我們
大合體～
明明每一隻都那麼小！

舉例來說，巨型管水母（p.24）的體型便長達40公尺，也被認為是目前世界最長的生物。

活蹦亂跳

FILE_009

奇鮟鱇

擁有大嘴巴和細長身體的鮟鱇魚

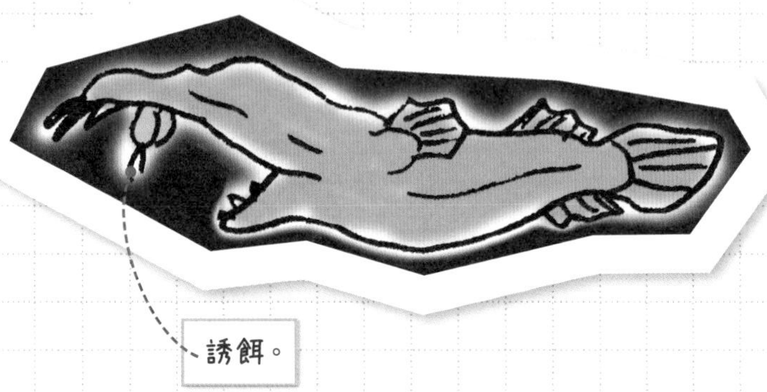

誘餌。

是非常稀有的鮟鱇魚呢！

擺動誘餌來引誘獵物

奇鮟鱇會在嘴裡擺動呈現八字形的誘餌。牠們會讓誘餌沿著嘴巴前端垂落下來，然後塞進嘴裡。這麼一來，就能夠把獵物引誘到嘴裡。

DATA基本資料

- 分類：疏刺角鮟鱇的同類
- 全長：37公分（雌魚）
- 深度：3500公尺
- 分布：大西洋

稀奇的深海魚啊，難怪會被取名為「奇鮟鱇」！

稀奇的誘餌

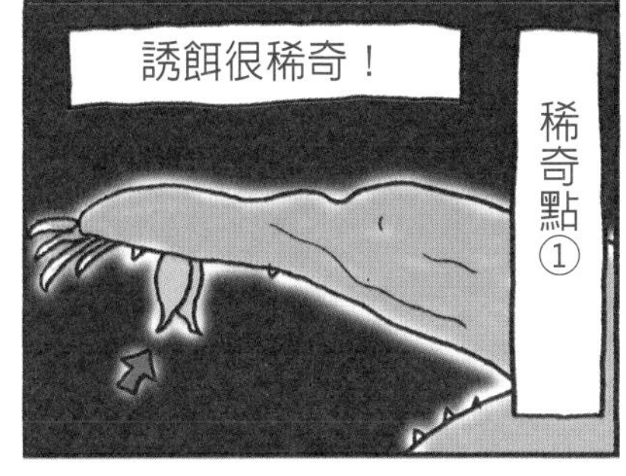
稀奇點①
誘餌很稀奇！

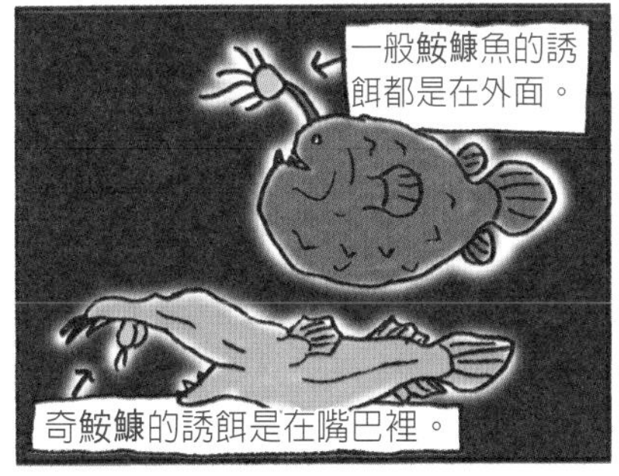
一般鮟鱇魚的誘餌都是在外面。
奇鮟鱇的誘餌是在嘴巴裡。

在嘴巴裡?!
真的很稀奇耶！
竊笑
好怪喔～

我們是刻意把誘餌放進嘴裡的!!
像這樣!!
事實上，奇鮟鱇的誘餌是長在上顎外面。

稀奇的顎部

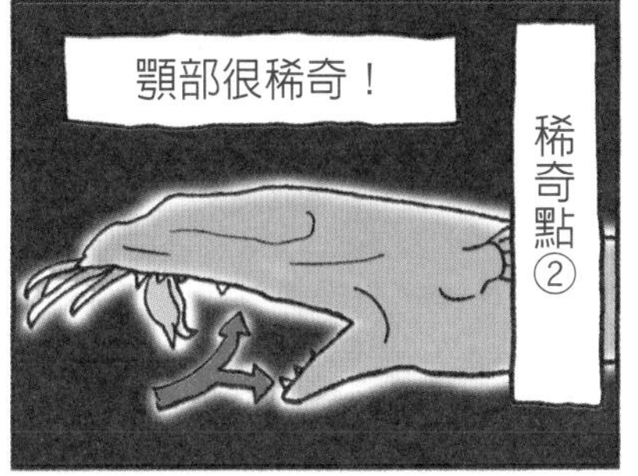
稀奇點②
顎部很稀奇！

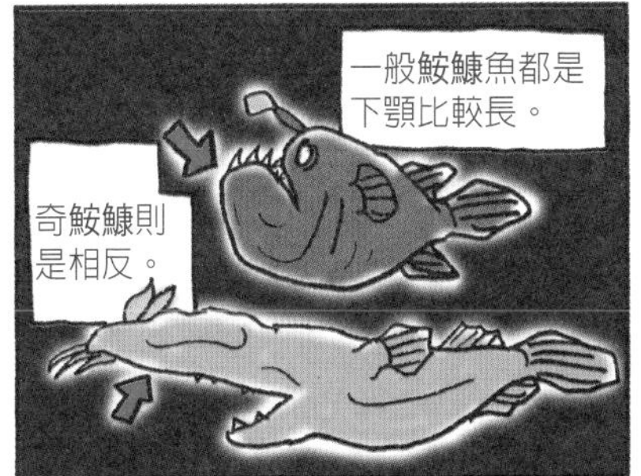
一般鮟鱇魚都是下顎比較長。
奇鮟鱇則是相反。

相反?!
竊笑
很稀奇耶！

相反又不會怎樣！
你們很奇怪耶！什麼都要說稀奇！

冷知識 奇鮟鱇的英文名字叫作Wolftrap Seadevil（狼陷阱的海惡魔）。

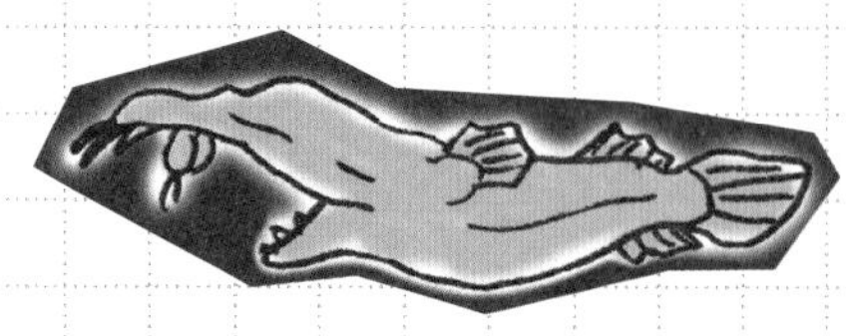

嘴巴靈活動作
讓獵物難逃陷阱

其實奇鮟鱇閉上嘴巴的速度是很快的喔！進入奇鮟鱇嘴裡的獵物只要一碰到嘴巴某處，奇鮟鱇的嘴巴就會像裝了彈簧似地迅速閉上。簡直就是植物界的捕蠅草。

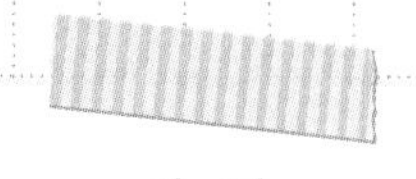

失敗

啊！小魚上門！
扭啊扭！
很好！看我怎麼用誘餌讓小魚上鉤！

歡迎來到我的嘴裡～
扭啊扭！
游來～

我咬！

逃—
下顎太短了，咬不到啊！
我咬！再咬！
為什麼?!這個身體構造是怎樣啦?!
稀奇點③
這也稀奇…

迷你深海圖鑑

鮟鱇魚的好夥伴

巨棘鮟鱇有著非常長的誘餌。有時巨棘鮟鱇會用腹部朝上的泳姿，一邊在海底垂著誘餌吸引獵物。等獵物上門時，牠們就會用長得密密麻麻的尖牙咬住獵物。

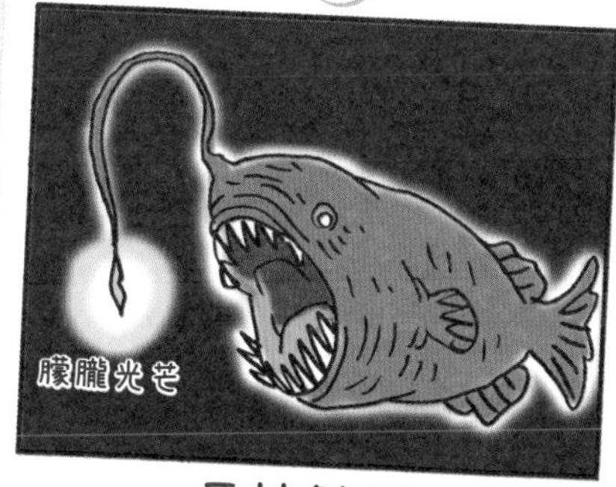
朦朧光芒

巨棘鮟鱇

■身長：42公分

■深度：300～5300公尺

約氏黑角鮟鱇

■身長：雄魚約3公分、雌魚約9公分

■深度：100～4475公尺

約氏黑角鮟鱇有一張大嘴巴，其顎部長度超過身長的一半以上。牠們的肚子可以脹得很大，所以就連體型比自己大上三倍的獵物也照樣能吃下肚。約氏黑角鮟鱇的誘餌偏小，依種類不同，誘餌形狀也會有所不同。

I ♥ DEEP-SEA FISHES

活蹦亂跳

FILE_010

獨樹鬚魚

躲在暗處捕捉獵物！

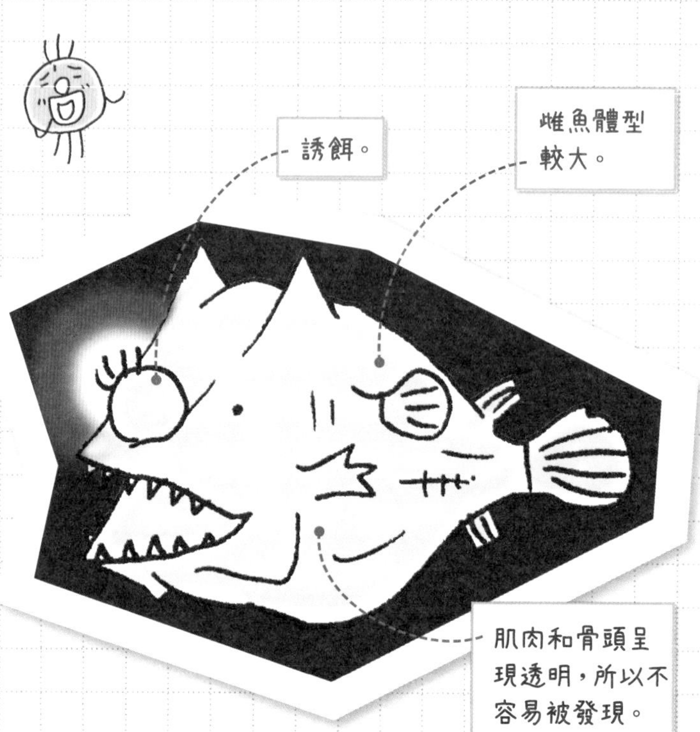
誘餌。
雌魚體型較大。
肌肉和骨頭呈現透明，所以不容易被發現。

透明身體和固定不動的誘餌

獨樹鬚魚的誘餌不是呈現「釣竿狀」，而是直接貼附在頭上。牠們會以擺動身體的方式游泳，並發出藍白光來引誘獵物。獨樹鬚魚發出的藍白光不會晃動喔！

獨樹鬚魚的雄魚非常嬌小，也不會發光。雄魚會用嘴巴貼在雌魚身上，一直寄生到最後變成一顆腫瘤，化為雌魚的一部分。

DATA基本資料

- 分類：鬚角鮟鱇科
- 全長：2～3公分（雄魚）
5～8公分（雌魚）
- 深度：300～3600公尺
- 分布：大西洋

好像出現在深夜裡，臉會朦朧發光的幽靈喔！

可愛的小寶寶

獨樹鬚魚

……的寶寶。

膨膨圓圓的

小寶寶總是這麼可愛!!

可怕的誘餌

有不知名物體在發光。
是同類在發光嗎？
那光芒不太會晃動耶。

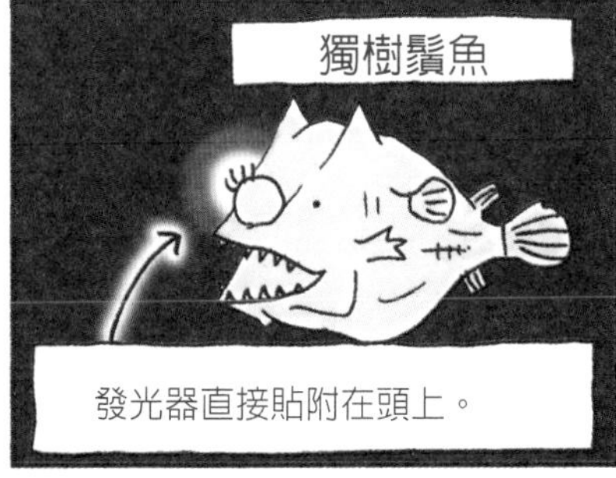
獨樹鬚魚
發光器直接貼附在頭上。

咻一游來
哈囉～
身體呈現透明，所以靠近時也不會被發現。

請小心深海裡的光芒！
我
咬！
好險啊!!

2 活蹦亂跳的深海生物

冷知識　獨樹鬚魚的雄魚幾乎所有器官都已經退化，如果不寄生在雌魚的身上就活不了命。

活蹦亂跳

FILE_011

大棘新角鮟鱇

牙齒簡直是鬍鬚的鮟鱇魚

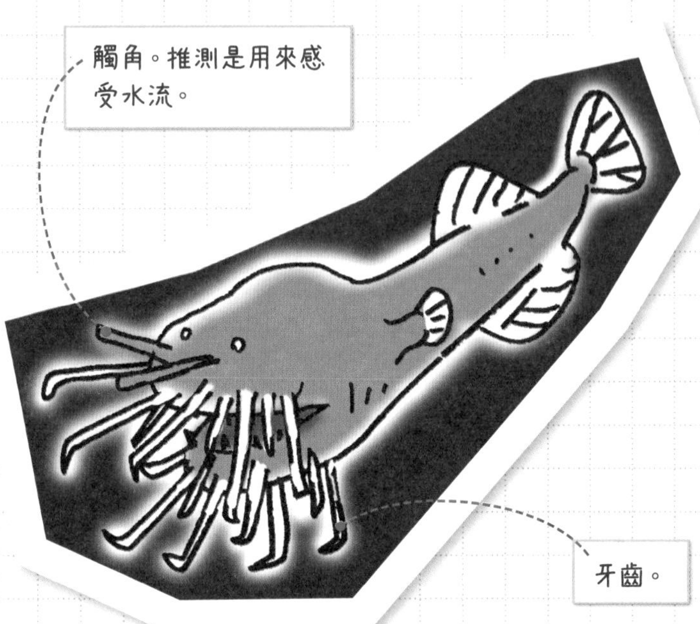
觸角。推測是用來感受水流。
牙齒。

牙齒排列最奇妙的深海生物

大棘新角鮟鱇是疏刺角鮟鱇的近親，但牠們的頭頂上沒有可以搖來晃去的發光誘餌。大棘新角鮟鱇的嘴巴四周有一根根像鬍鬚般的條狀物，各自朝向不同的方向生長，而這些其實是牙齒。

DATA基本資料

- 分類：新角鮟鱇屬
- 全長：2公分（雄魚）
  3 ～ 10公分（雌魚）
- 深度：1000 ～ 4000公尺
- 分布：太平洋、大西洋、印度洋

果然也是雌魚的體型比較大！

哪號人物?!

你好，我是大棘新角鮟鱇。

呃……你是跟誰同類啊?!
同類?!

疏刺角鮟鱇

那你的發光誘餌呢？
……我沒有。
沒有卻是同類?!

一根根的東西

還有……有個地方我一直覺得很納悶……
從你嘴巴四周長出來的一根根東西是什麼啊？
驚嚇
害怕

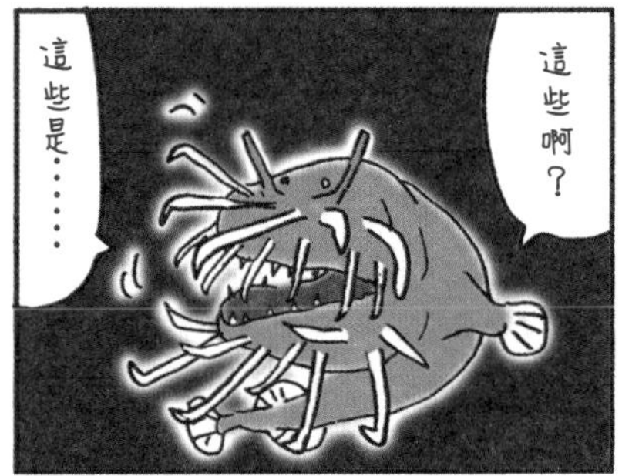
這些啊？
這些是……

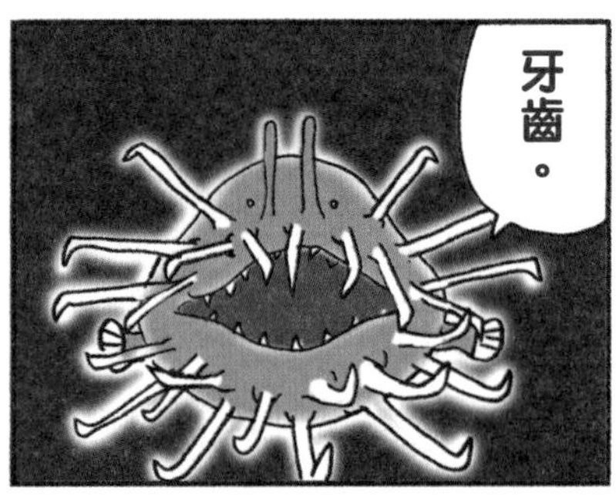
牙齒。

是牙齒?!
會不會長得太不整齊了?!
煩不煩啊！要你們管！

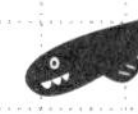

秘密

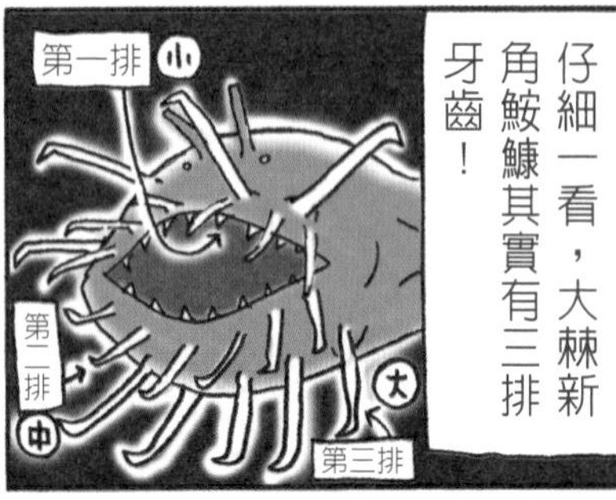
仔細一看，大棘新角鮟鱇其實有三排牙齒！
第一排
小
第二排
中
第三排
大

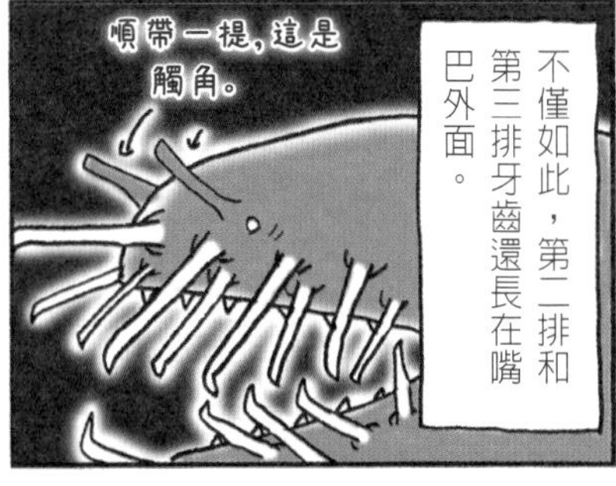
不僅如此，第二排和第三排牙齒還長在嘴巴外面。
順帶一提，這是觸角。

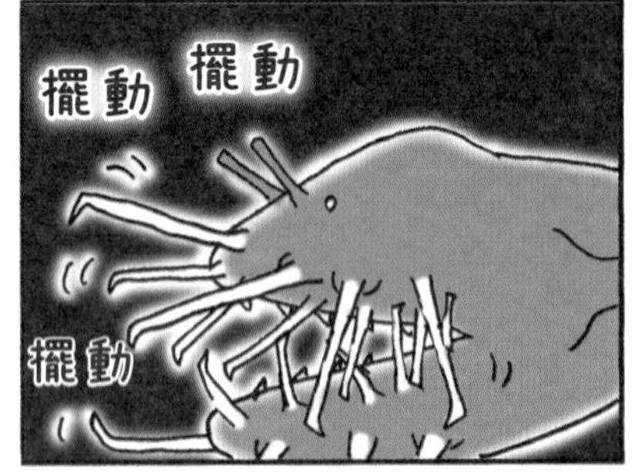
擺動
擺動
擺動

還可以擺動喔！
你看！
擺動擺動
你看！
天啊！好可怕喔!!
擺動
擺動
擺動

到底哪一根?!

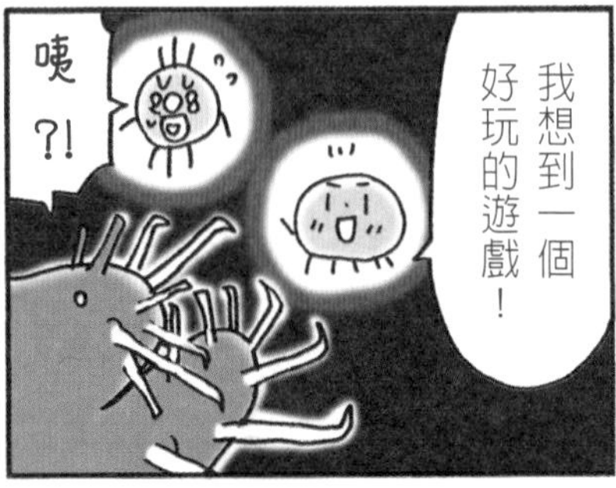
我想到一個好玩的遊戲！
咦?!

你動一下這根牙齒看看！
哪根？這根嗎？

不對喔！
咦？
擺動
擺動
擺動

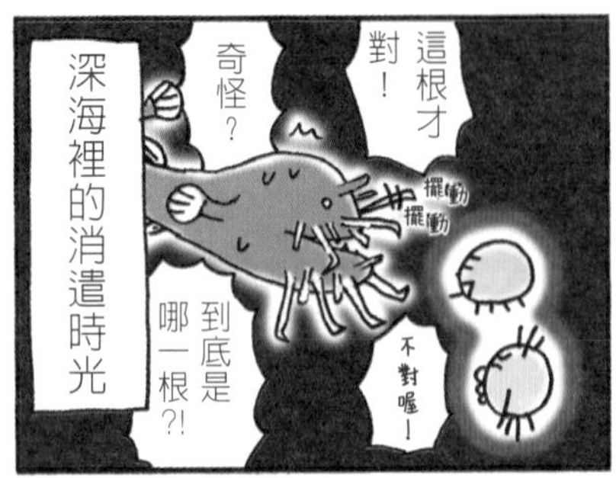
這根才對！
奇怪？
擺動
擺動
不對喔！
到底是哪一根?!
深海裡的消遣時光

NO.2

深海水壓的承受力

與水搏鬥

水的壓力稱為「水壓」，而水壓的大小相當於所在位置之上的水分重量。也就是說，越是到深海處，水壓就會越大，因此深海生物承受著極大的水壓。如果是在水深1000公尺的地方，就算只有跟指甲一樣大的面積來說，施加在上面的水壓也高達100公斤。如果生物的體內有空隙，身體就會被強大的水壓給壓碎。因此，深海生物的體內都不會有空隙，而是充滿水分和脂肪。

可以靠著脂肪浮在水中或往下沉？
魚類實在太厲害了！

魚類是利用體內的鰾（俗稱魚泡）讓身體浮在水中。深海魚當中，有些魚的魚泡裡不是填滿空氣，而是填滿著脂肪。

活蹦亂跳

FILE_012

穴口奇棘魚（成魚）

以尖牙緊咬獵物的「黑龍」

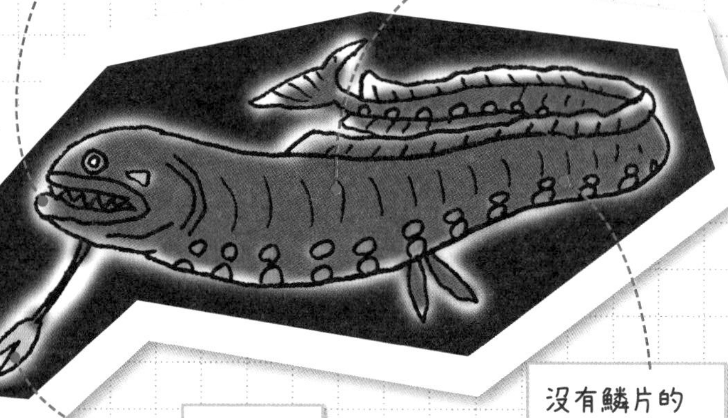
以身體比例來說，偏大的嘴巴。
雌魚體型較大。
沒有鱗片的細長身軀。
鬍鬚（誘餌）

雌魚體型大約是雄魚的6倍大，雌魚的下顎還長有一根前端會發光的出色鬍鬚。

穴口奇棘魚會利用發光鬍鬚把獵物引誘過來，然後張開巨大的嘴巴大口咬住獵物。即便牠們擁有多根尖牙，但牙齒能夠收進口腔內側，所以能夠閉緊嘴巴喔。

DATA基本資料

- 分類：穴口奇棘魚種
- 全長：8公分（雄魚）
  50公分（雌魚）
- 深度：400～800公尺
- 分布：太平洋

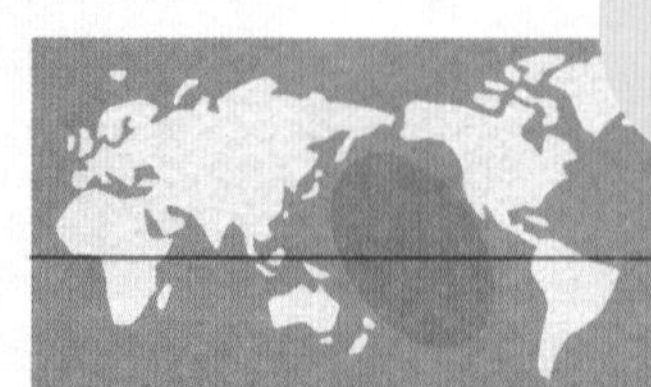

穴口奇棘魚只有雌魚擁有鬍鬚，雄魚沒有喔！

心驚膽跳

住在深海裡的小水母們。

你們看！
穴口奇棘魚！

穴口奇棘魚
50公分
龐
大
緊張
緊張
害怕
害怕
閉眼
閉眼

游開～
呼～
深海裡有很多讓人嚇得冒汗的事！
撲通
撲通
嚇
害怕

又出現了！

穴口奇棘魚出現了！

什麼!!
又出現了?!

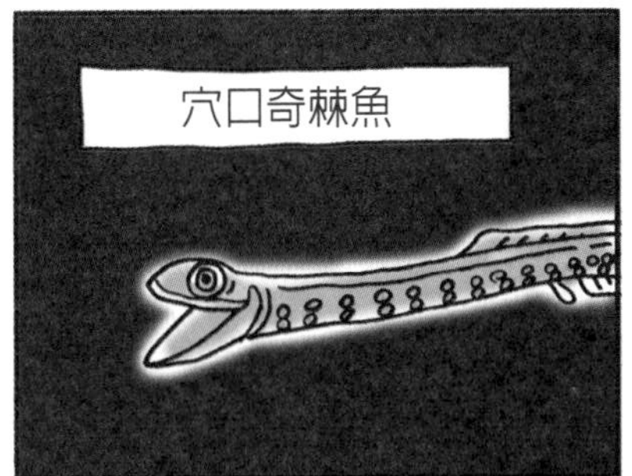
穴口奇棘魚

是雄魚啊！
弱不禁風
雄魚的體型嬌小
約3公分

冷知識 英文名字叫作Pacific Black Dragon（太平洋黑龍）。

活蹦亂跳

FILE_013

穴口奇棘魚（幼魚）

幼魚的象徵在於凸眼！

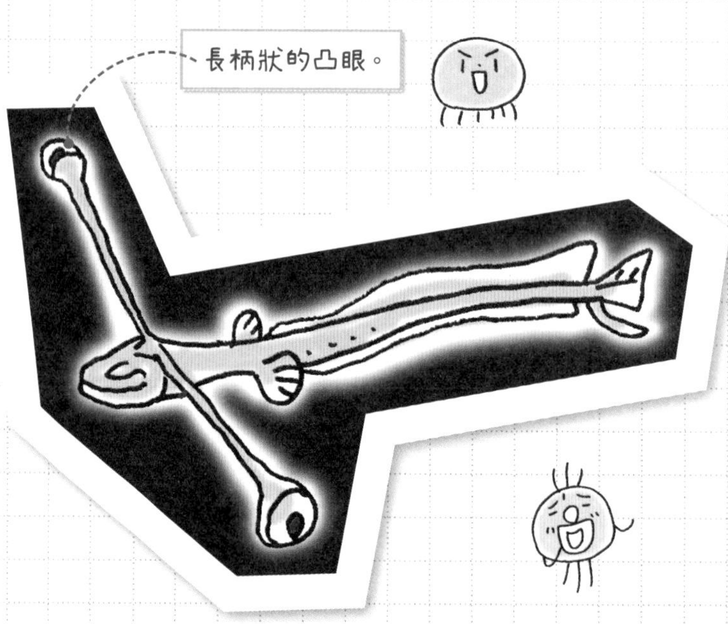
長柄狀的凸眼。

利用凸眼讓身體浮起來？

穴口奇棘魚的幼魚有著明顯往外凸出的大眼睛唷！根據推測，可能是因為有利於掌握與獵物之間的距離，幼魚的眼睛才會如此凸出。另外，也有說法表示因為雙眼朝向兩邊大大延伸出去，可使得幼魚更容易浮在水中。等到長大後，穴口奇棘魚會比較能到更深海的地方棲息，眼睛也就跟著縮起來，變成不同的樣貌。

DATA基本資料

- 分類：穴口奇棘魚種
- 全長：8公分（雄魚）
  50公分（雌魚）
- 深度：400～800公尺
- 分布：太平洋

金魚當中有一種叫作「龍睛金魚」的魚也是一樣眼睛凸凸的喔！

到了某一天……

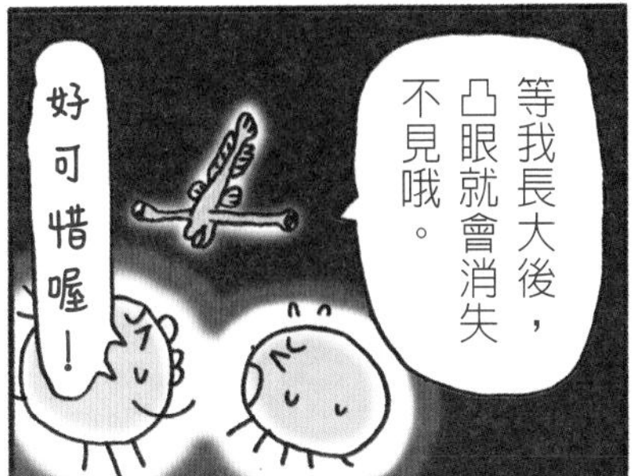
等我長大後，凸眼就會消失不見哦。
好可惜喔！

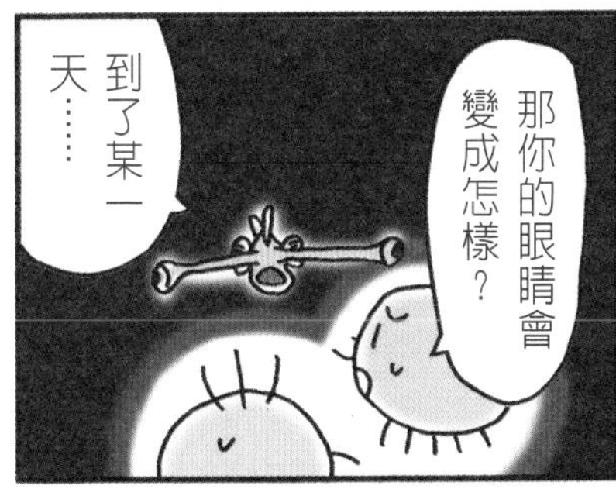
那你的眼睛會變成怎樣？
到了某一天……

就會整個脫落！
整個脫落?!太可怕了！

騙你的。
騙人的?!

親生小孩

穴口奇棘魚（雌魚）

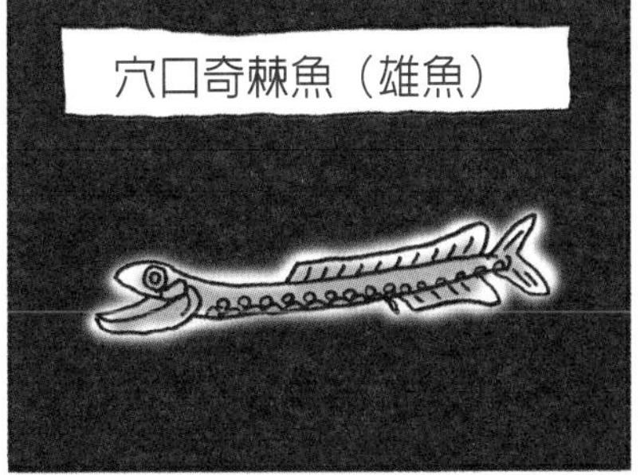
穴口奇棘魚（雄魚）

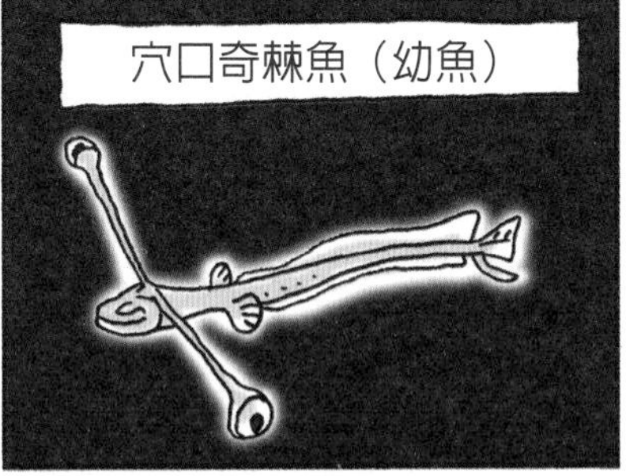
穴口奇棘魚（幼魚）

啥米?!
真的是親生的嗎？
煩耶！

真相

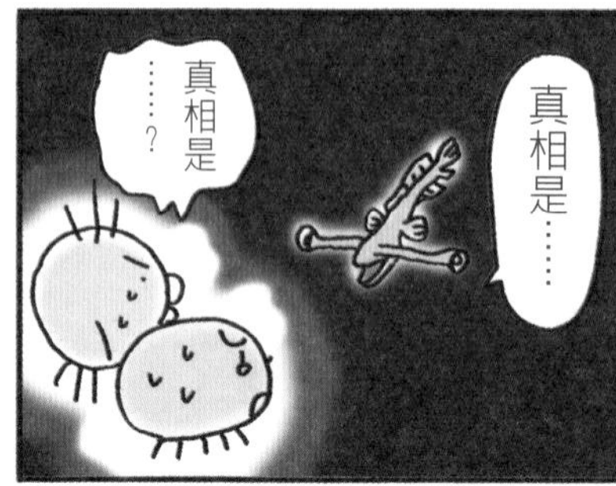
真相是……
真相是……？

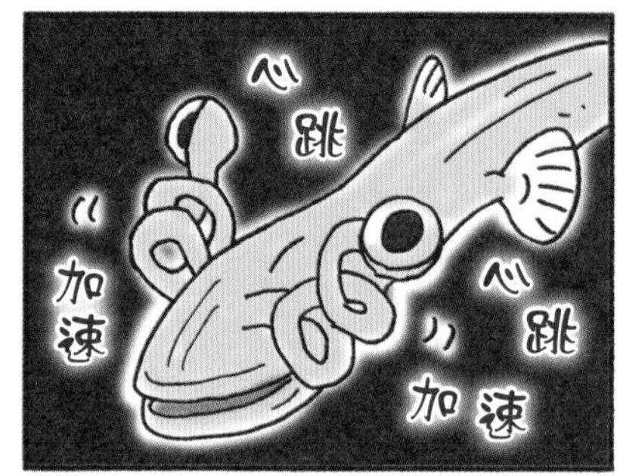
心跳加速
心跳加速

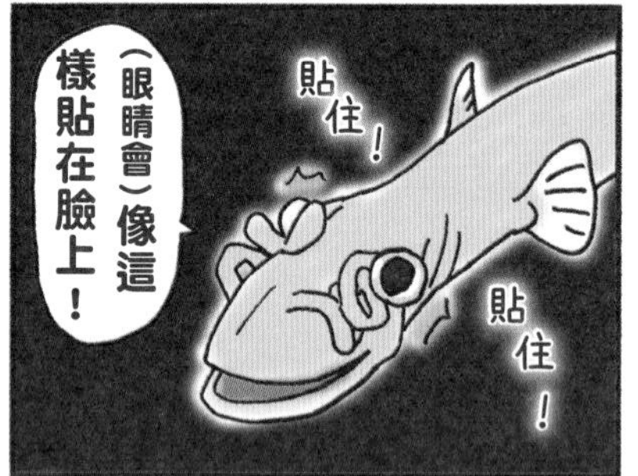
貼住！
（眼睛會）像這樣貼在臉上！
貼住！

我的媽呀——
實話
呵呵呵！

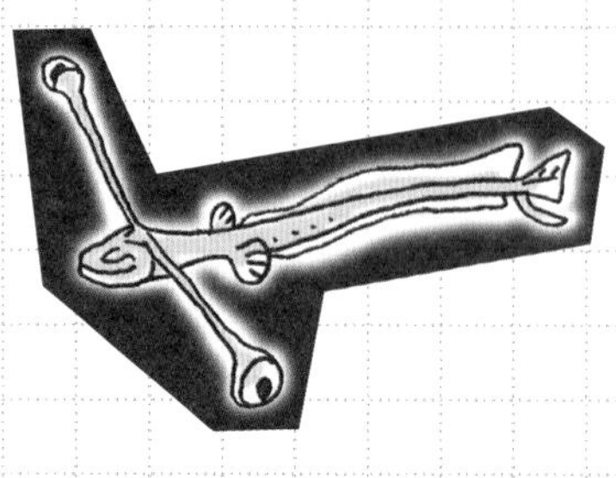

體型大小不同的雄魚和雌魚

穴口奇棘魚的雄性成魚體型大小不到雌魚的六分之一。對於這種體型小到不自然的雄魚，我們會稱之為「矮雄體」。疏刺角鮟鱇（p.40）和獨樹鬚魚（p.48）等魚類的雄魚也都屬於矮雄體。多數矮雄體的口部和消化器官都不發達，因此幾乎無法自食其力。

深海小報
NO.3

ちょこっと
深海小報

NO.3

深海溫泉

噴發熱水的海底熱泉

就像陸地上有溫泉一樣，海裡也有溫泉。海底下方有著岩石熔化而成的岩漿，這些岩漿既黏稠又灼熱。當海水滲進海底下方時，岩漿會把海水煮得沸騰，再從岩石裂縫間噴發出來，這就是海裡的溫泉。

在這當中，有的深海溫泉的溫度高達300℃以上。這道熱水會從長得像煙囪般的「海底熱泉口」噴發出來，看上去就像一團黑煙。吐出黑煙的煙囪附近一帶稱作「海底熱泉地帶」。

棲息於海底熱泉地帶的生物

海底熱泉口會噴發出「硫化氫」，對一般生物來說，硫化氫是一種劇毒。不過，在海底熱泉地帶還是看得到形形色色的生物棲息，像是管狀蠕蟲（沙蟲的同類）、鱗角腹足蝸牛（p.132）等等。

其實，這些生物身上住著一種能分解硫化氫並製造養分的細菌。也因此，海底熱泉地帶形成了一個與陸地或淺海截然不同的生態系。

活蹦亂跳

FILE_014

角高體金眼鯛

尖牙太長而無法閉上嘴巴的深海魚

稍微左右錯開的上下尖牙。

憑靠大嘴巴和大尖牙捕捉獵物

角高體金眼鯛無法閉上嘴巴，所以總是嘴巴開開的在游泳。角高體金眼鯛身上有一條凹槽（側線），能夠幫助牠們迅速感覺到水流和獵物動靜。

DATA基本資料

- 分類：角高體金眼鯛種
- 全長：約15公分
- 深度：600～5000公尺
- 分布：太平洋、大西洋、印度洋

長相還真是猙獰得可怕啊！

可愛的小寶寶

角高體金眼鯛

角高體金眼鯛的寶寶

迅速游過

小寶寶總是這麼可愛!!

比手畫腳

角高體金眼鯛的尖牙太長，根本閉不上嘴巴。
點頭
所以牠們沒辦法說話。
真的假的?!

那這樣，你用比手畫腳的方式跟我們說話吧！
點頭

你們看起來很好吃
比來比去～

快逃啊！
我咬！
我咬！
我咬！

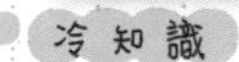

冷知識 因為角高體金眼鯛的寶寶頭上長有兩支角，所以在日本會稱角高體金眼鯛為「鬼金目」。（譯註：日文裡的「鬼」通常是指頭上長有兩支角的怪獸。）

活蹦亂跳

FILE_015

渡瀨眶燈魚

每天像電梯一樣上下往返一次的深海魚

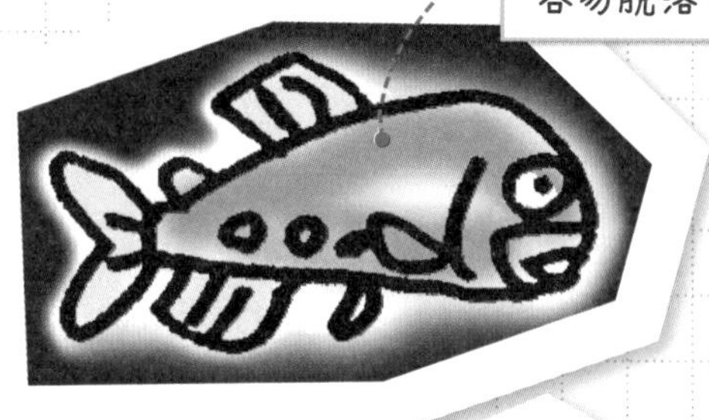
身上的銀色鱗片很容易脫落。

全身多處有發光器。

為了捕食而來來去去

白天時間，渡瀨眶燈魚會待在深海裡，到了晚上就會為了捕食浮游生物，往上游到淺海處。牠們每天會上下往返100～1500公尺的距離，這樣的行為稱為「日夜垂直遷移」。渡瀨眶燈魚的鱗片很容易脫落而變成裸身，所以在日本被稱為「裸身眶燈魚」。

DATA基本資料

- 分類：渡瀨眶燈魚種
- 全長：6～7.5公分
- 深度：100～2000公尺
- 分布：太平洋、印度洋

渡瀨眶燈魚和在淺海棲息的沙丁魚屬於完全不同種類的魚喔！

這是怎麼回事?!

小游生活在水深1000公尺的深海處。

嗯?
轟!
轟!
轟!
轟!
轟!

媽呀!!

這是怎麼回事!?
轟!
轟!
轟!
轟!
轟!
轟!
轟!

大遷移

現在是夜間的通勤尖峰時段。

通勤……
尖峰時段?!

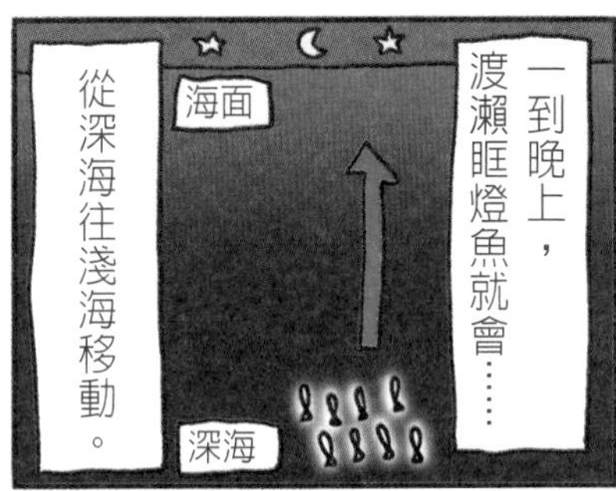

一到晚上,渡瀨眶燈魚就會……
從深海往淺海移動。
海面
深海

真是嚇了我一大跳!
上班尖峰時段結束。

2 活蹦亂跳的深海生物

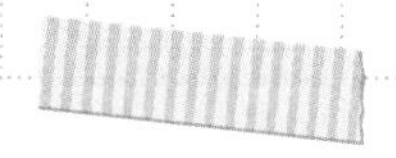

果然不出所料！

轟！
轟！
轟！
轟！
嗯？
該不會是……

轟！
轟！
轟！
轟！
轟！
轟！
媽呀！
果然來了!!

現在是下班尖峰時段。
果然不出所料！

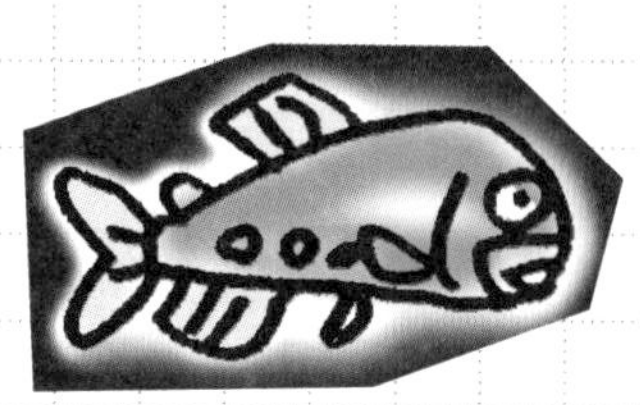

晝夜遷移的生活方式

在橈腳類或糠蝦類等各種浮游動物、自游生物（p.15）的身上，也可觀察到日夜垂直遷移的習性。雖然淺海處有比較多的食物可吃，但因為太過明亮，所以很容易被敵人發現。不僅如此，在淺海處也容易照射到有害的紫外線。很多生物白天時間會在深海處靜靜度過時間，等到了晚上，才會游到接近海面的位置。

迷你深海圖鑑

面目猙獰的魚類

蝰魚一發現獵物，就會猛力抬高頭部讓下顎脫落。這麼一來，就可以大幅度張開嘴巴，再利用尖牙咬住獵物。

利用鋒利的尖牙和發光的背鰭來捕捉獵物。

蝰魚

■身長：35公分

■深度：500～1000公尺

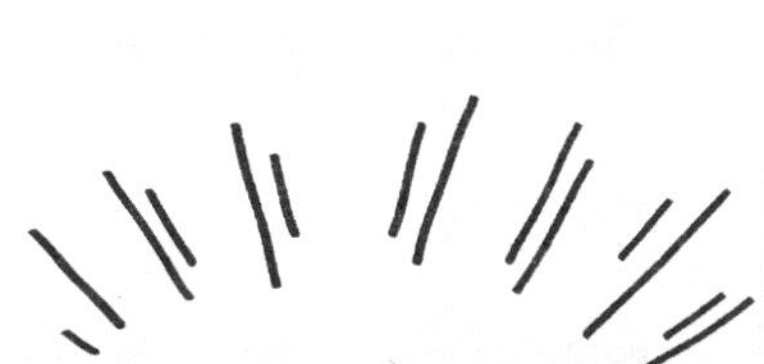

面目猙獰

薔薇帶鰆

■身長：約1～1.5公尺

■深度：300公尺

薔薇帶鰆有著大大的嘴巴和明亮的眼睛，面目十分猙獰。薔薇帶鰆是一種體型會長到很大的魚。人類如果吃了薔薇帶鰆，可就麻煩了。因為薔薇帶鰆的身體含有豐富油脂，吃了後會讓人拉肚子拉個不停呢。薔薇帶鰆的身體覆蓋著有細針的鱗片，光是摸到牠們的身體，就會刺傷手指喔！

I ❤ DEEP-SEA FISHES

活蹦亂跳

FILE_016

燈眼魚

一閃一閃的燈光秀

眼睛下方有發光器
（會發光的部位）。

利用發光的方式與同伴通訊

燈眼魚能夠讓眼睛下方的發光器正反面依序轉向外側，所以看起來很像一下子亮燈，一下子又熄燈。如果有一大群燈眼魚不停翻轉發光器，那畫面簡直就像一場燈光秀。另外，燈眼魚也會利用光芒，吸引浮游生物聚集過來，好讓牠們能夠飽餐一頓。

DATA基本資料

- 分類：燈眼魚科
- 全長：12～15公分
- 深度：30～200公尺
- 分布：南日本以南的海域

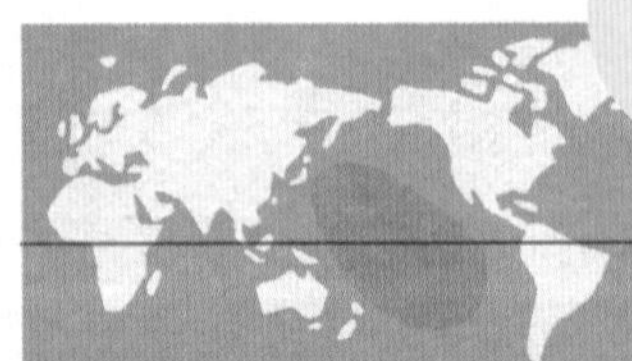

據說燈眼魚會和同伴們通訊呢！

招數

燈眼魚的身上有大型發光器。

因為身體是黑色的，所以只看得到發光器。

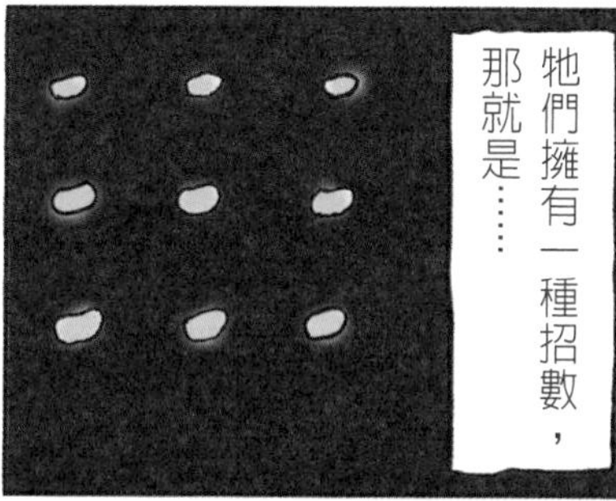
牠們擁有一種招數，那就是……

和同伴一起讓發光器熄燈。
呼～
哇賽！

連續招數

然後，再一起亮燈！
啪！
哇賽！

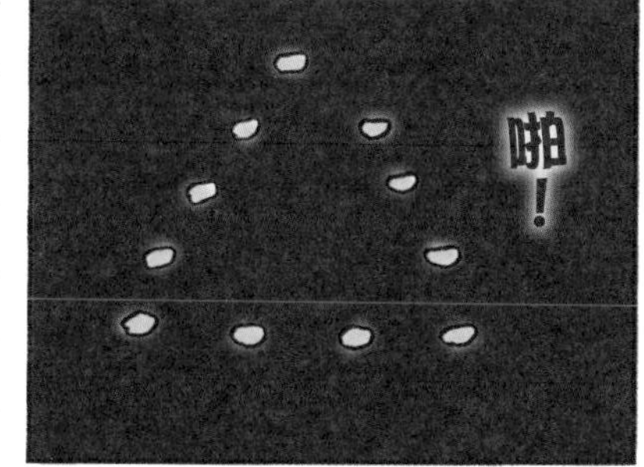
啪！

啪！

登登登登！
魚板串
哇賽！

活蹦亂跳

FILE_017

卵首鱈

怪臉冠軍?!

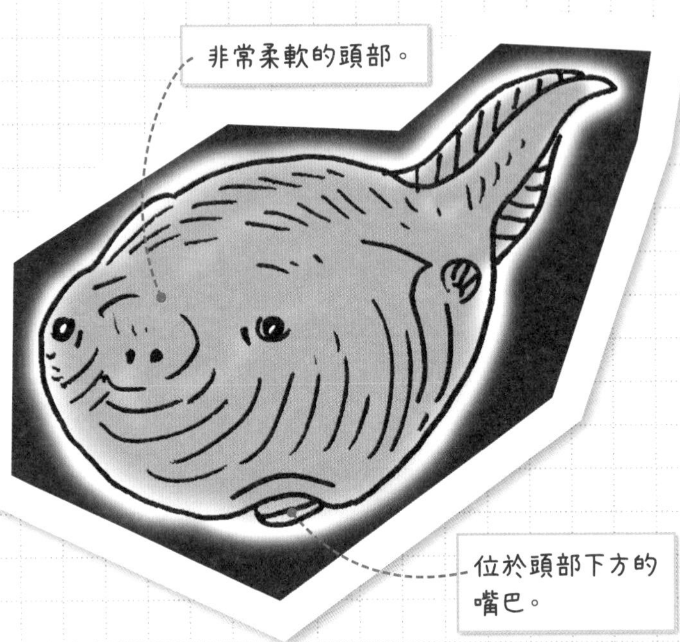
非常柔軟的頭部。
位於頭部下方的嘴巴。

長相奇妙的深海魚

卵首鱈擁有用來感受水流和水勢的器官，而且長在頭皮的內側喔。

多數魚類的嘴巴都是長在眼睛的前方，但卵首鱈的嘴巴卻是長在比眼睛更偏向後方的位置。卵首鱈的身體就像一顆水球，觸感十分柔軟Q彈。

DATA基本資料

- 分類：卵首鱈種
- 全長：30～40公分
- 深度：1000～2000公尺
- 分布：日本沿岸的太平洋、墨西哥灣、澳洲西北沿海、新喀里多尼亞沿海、巴西沿海

卵首鱈的模樣有點像蝌蚪耶！

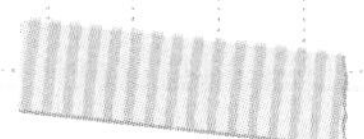

冠軍?!

卵首鱈

迅速靠近~
迅速靠近~

最醜生物第一名!
真是太沒禮貌了!

冷知識 雖然外表長得很不一樣，但卵首鱈和魚卵會被製作成明太子的鱈魚屬於同類喔!

活蹦亂跳

FILE_018

東方黑綿鳚

長大後依舊保持幼魚體態的深海魚

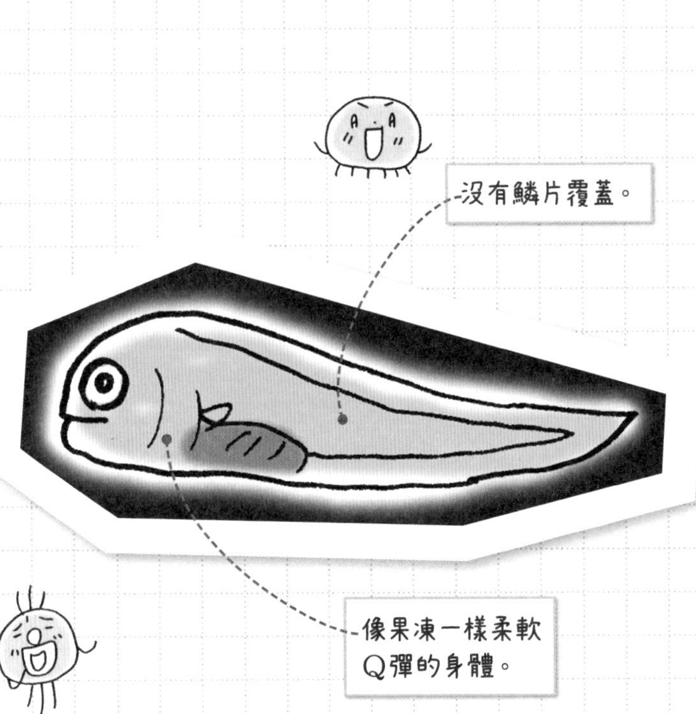
沒有鱗片覆蓋。
像果凍一樣柔軟Q彈的身體。

住在海底的綿鳚科深海魚

東方黑綿鳚住在靠近海底的地方，牠們不太擅長游泳，只會像在爬行一樣緩慢移動。

比起接近海面的海域，深海裡的食物少之又少。東方黑綿鳚會用嘴巴翻動海底，從泥堆中翻出小生物來填飽肚子。

DATA基本資料

- 分類：綿鳚科
- 全長：約13公分
- 深度：約600公尺
- 分布：北太平洋、北大西洋

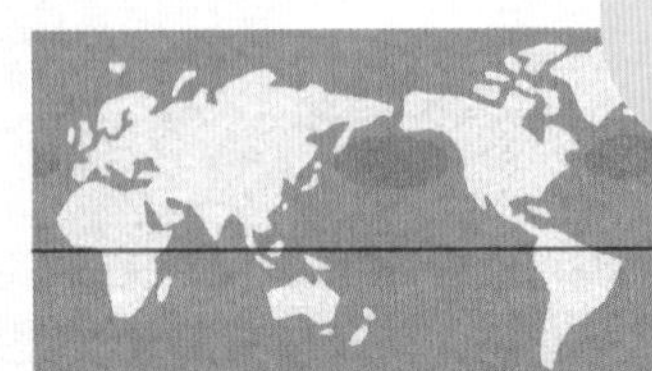

東方黑綿鳚一輩子都可以保持可愛的模樣耶！

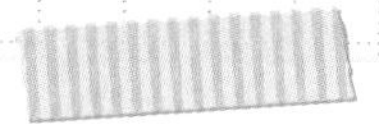

等我長大後

我不甘心！
咀嚼
咀嚼

等我長大後，我要自己霸占所有食物！

一個月後
拉長～

半年後
再拉長～

競爭激烈

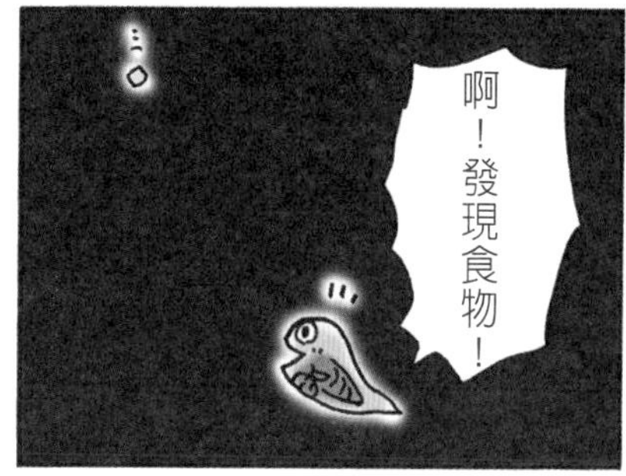
啊！發現食物！

耶～
一口吞下！

那邊也有！

一口吞下！
耶～

冷知識　屬於綿鳚科的魚大約有230種，在日本有機會看到50種左右喔！

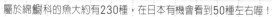

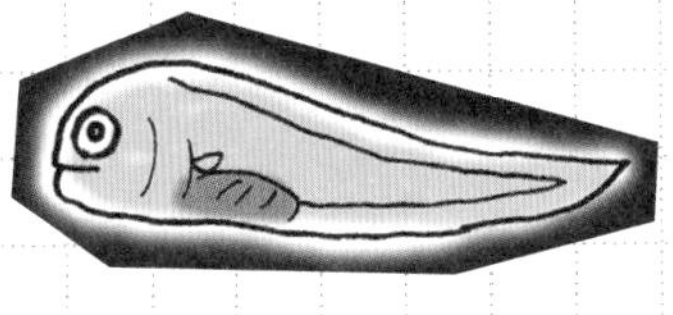

刻意不長大的深海魚

東方黑綿鳚會維持幼魚的模樣長大喔。也就是說，即使變成成魚，東方黑綿鳚的肌肉和骨骼還是像幼魚一樣脆弱，而且牠們的鰓部很小，身體也沒有鱗片呢。因為這樣，東方黑綿鳚的成魚身體非常輕盈，只需要少許能量就能夠浮在水中。這樣的身體特徵可說非常適合在缺乏食物的深海裡生活。

加油喔！

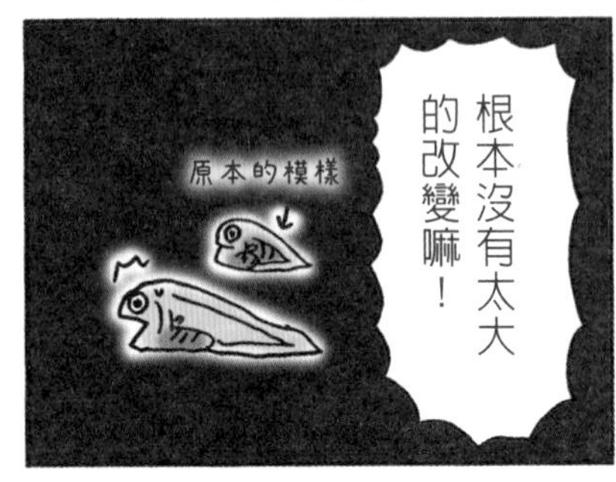
根本沒有太大的改變嘛！
原本的模樣

沒辦法，畢竟東方黑綿鳚會維持幼魚的模樣長成成魚嘛。
是喔～
真的假的?!

啊！發現食物！

一口吞下！
可惡！
一口吞下！
一口吞下！
不論是幼魚或成魚，都要加油喔！

ちょこっと
深海小報

NO.4

深海調查方法

調查潛水艇

在人類的操控下，潛水艇可以潛入深海，對深海調查有著莫大的幫助。日本有可乘載三人的「深海6500號」，能深入到6500公尺的深海裡進行調查，至今有了無數的新發現。

深海調查也經常使用無人探查機。和潛水艇比起來，無人探查機可以從海上的船艦操控，也能夠前往更深、更狹窄的深海處。除此之外，也有表現傑出的深海探查機器人能夠在深海裡到處走動，自動進行調查。

底泥採樣方法

底泥採樣方法是一種挖取海底的砂石和淤泥，並直接查看該處棲息著什麼底棲生物（p.15）的調查方法。

這種調查方法是把加了鉛錘的鐵製水桶，綁上長長一條鋼索後，讓水桶從船艦上落入深海處。接下來，利用在海底拖動水桶的方式，挖取砂石和淤泥。一路來，我們透過調查深海底的礦物以及淤泥中的小生物，有了各種各樣的新發現。

活蹦亂跳

FILE_019

線鰻

專門捕捉細長獵物的細長深海魚

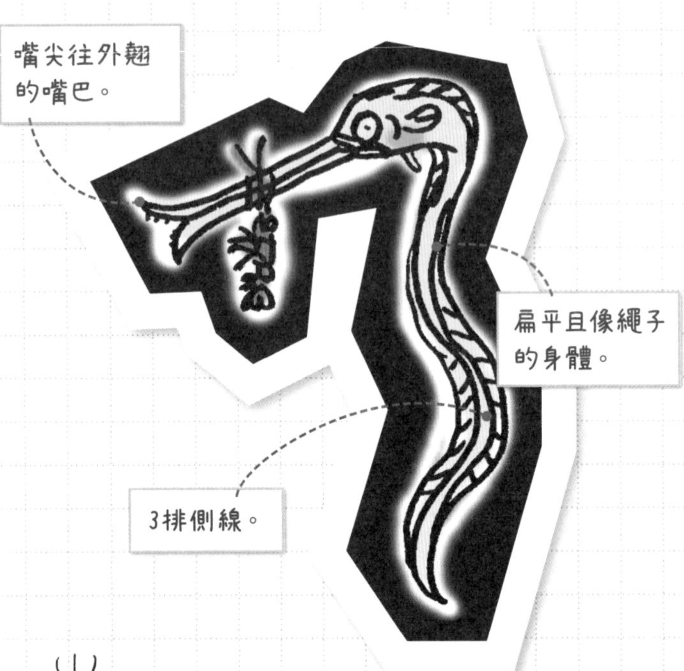
嘴尖往外翹
的嘴巴。
扁平且像繩子
的身體。
3排側線。

利用細長嘴巴纏住蝦子

線鰻擁有細長的嘴巴，嘴裡的細小牙齒排列緊密。線鰻會不停轉動細長的嘴巴，讓蝦子等生物的細長觸角纏繞在嘴巴上。

線鰻身上有3排側線，能夠感受獵物的動靜。

線鰻的細長嘴巴好像鷸科鳥類會有的鳥喙喔！

DATA基本資料

- 分類：線鰻種
- 全長：80～140公分
- 深度：300～2000公尺
- 分布：全世界的溫暖海域

纏住了！

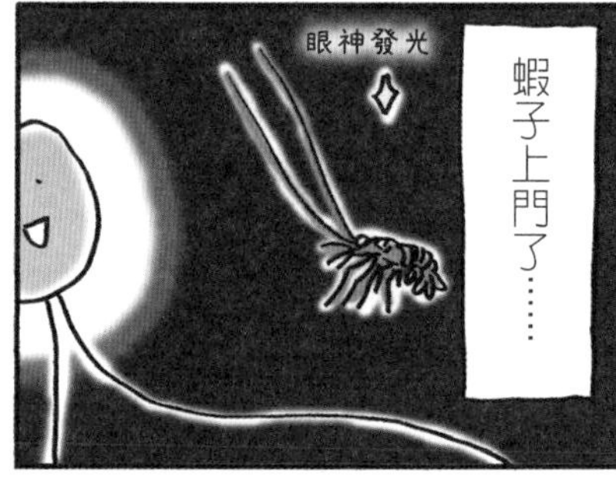
蝦子上門了……
眼神發光

轉動！
咦？
轉動！

救命啊！我的觸角不知道被什麼東西纏住了！

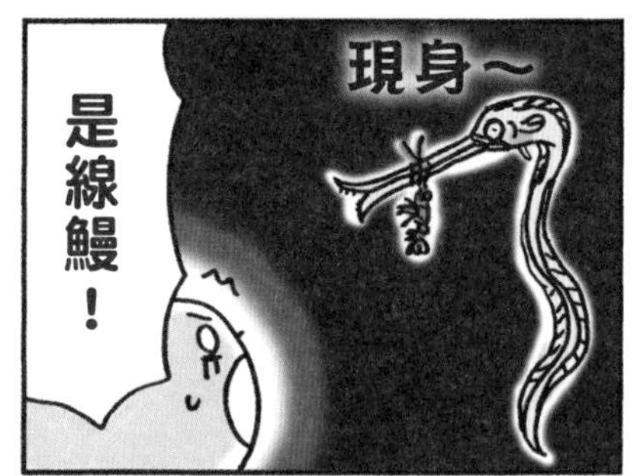
現身～
是線鰻！

轉轉功

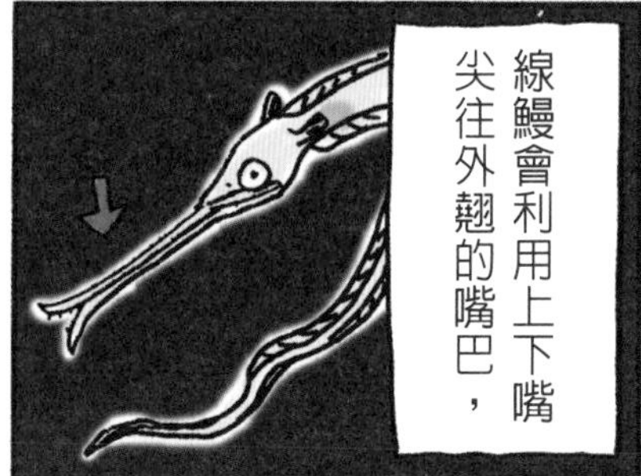
線鰻會利用上下嘴尖往外翹的嘴巴，

我轉 我轉
我再轉
讓蝦子的觸角纏在牠們的嘴巴上，然後……

吃下到嘴的獵物。
開動～
斷裂聲
斷裂聲
快住手!!

我刺！我刺！
痛啊痛！
謝啦！

冷知識 線鰻平常會頭朝下直立游泳，這麼做比較不容易被底下的敵人發現。

活蹦亂跳

FILE_020

① 格氏光巨口魚 ② 鞭鬚裸巨口魚

鬍鬚長到令人難以置信的深海魚

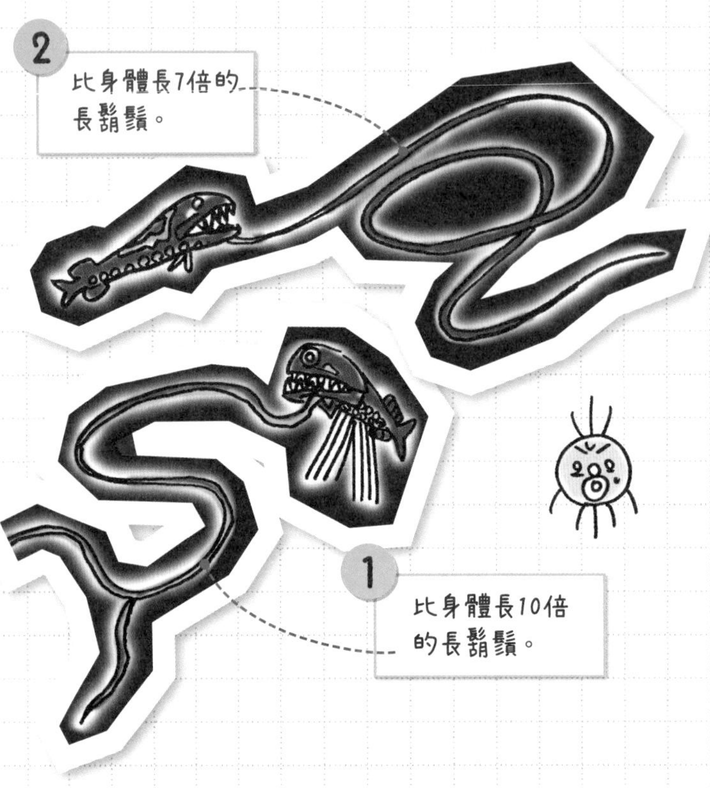
② 比身體長7倍的長鬍鬚。
① 比身體長10倍的長鬍鬚。

比身體長上好幾倍的長鬍鬚

格氏光巨口魚和鞭鬚裸巨口魚的顎部都長著很長的鬍鬚，但目前還沒有研究出長長的鬍鬚有什麼樣的用途。這兩種魚的腹部都有一長排會發出藍紫光的發光器。

這兩種魚都是鮮少被發現的罕見魚類喔！

DATA基本資料

- 分類：①柔骨魚科同類 ②袋巨口魚同類
- 身長：①4公分 ②20公分
- 深度：①1600公尺 ②4500公尺
- 分布：①②北大西洋

可能會・・・

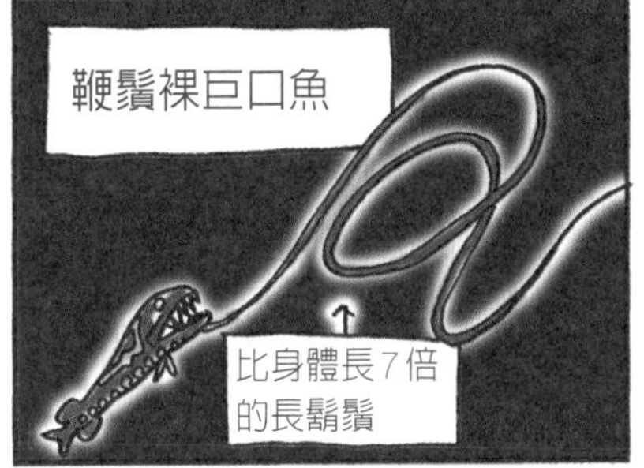
鞭鬚裸巨口魚
比身體長7倍的長鬍鬚

剛才要是不小心碰到……
心驚膽跳
心驚膽跳
心驚膽跳
不知道會是什麼下場？

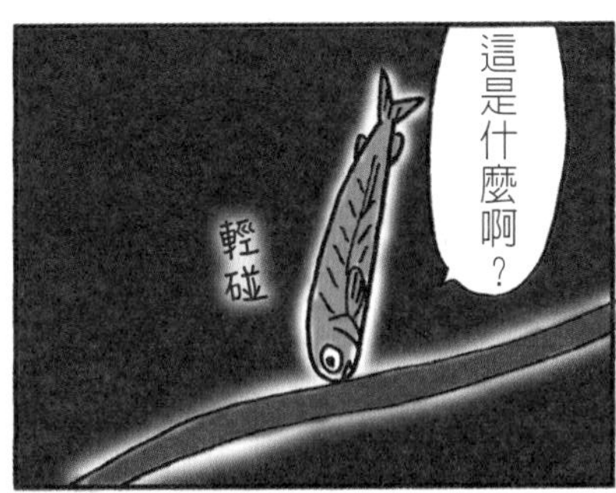
這是什麼啊？
輕碰

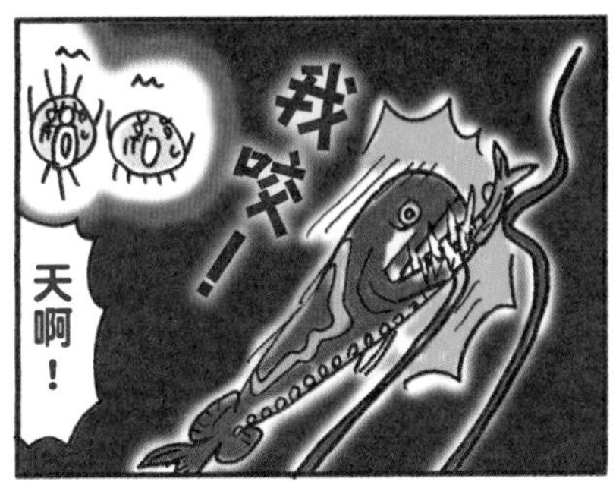
我咬！
天啊！

長繩子

這什麼東西啊？

別亂碰！
太可疑了！
咦？
心頭一驚

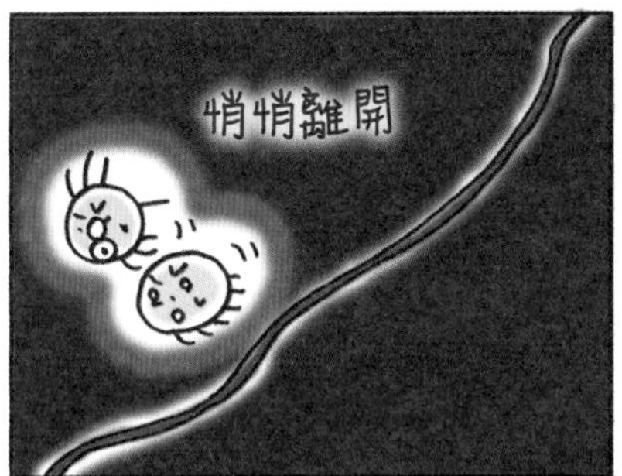
悄悄離開

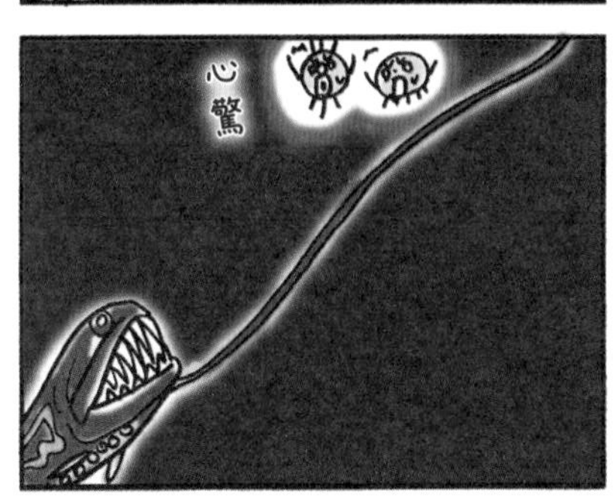
心驚

冷知識 或許就像漫畫裡畫的一樣，長鬍鬚是用來捕食的也說不定喔！

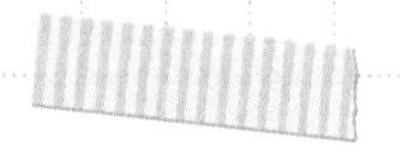

還有更可怕的！

好可怕啊！
好可怕啊！

小游，小心後面！
什麼?!

又來！

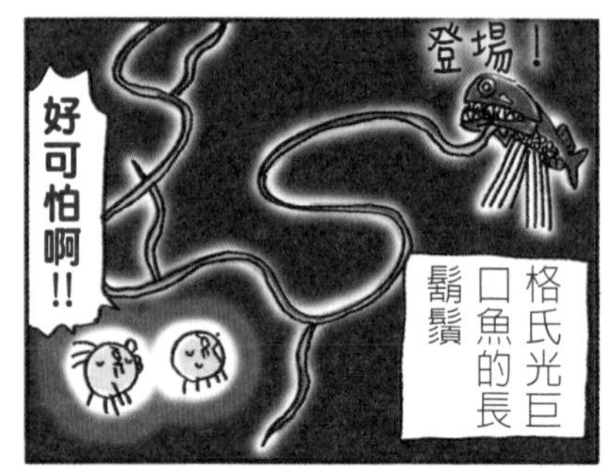

格氏光巨口魚的長鬍鬚
登場！
好可怕啊!!

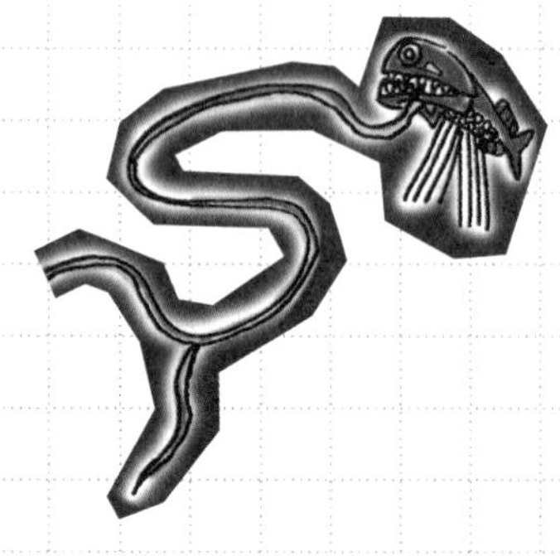

謎題多多

不論是格氏光巨口魚，還是鞭鬚裸巨口魚，目前都只有極少數的標本。因為長鬍鬚很容易斷裂，所以還沒有明確掌握到這兩種魚的真實模樣。

不過，目前已經知道格氏光巨口魚的長鬍鬚長到一半會出現分岔的現象。相信在未來，一定還會再發現其他稀奇的深海魚。

迷你深海圖鑑

尖牙嚇人的魚類

長吻帆蜥魚的肉質柔軟且水分多，所以在日本被稱為「水魚」。據說只要是放得進嘴巴裡的東西，長吻帆蜥魚都會利用牠的鋒利尖牙把東西吃下肚。

長吻帆蜥魚

■身長：約1～2公尺

■深度：900～1400公尺

巨尾魚

■身長：10～20公分

■深度：500～3500公尺

巨尾魚的上下顎都有一長排尖牙，長排尖牙還能夠倒向後方。巨尾魚利用牠們的大嘴巴一口緊緊咬住獵物後，就會直接把獵物送進喉嚨。

I DEEP-SEA FISHES

活蹦亂跳

FILE_021

貝氏單頜鰻

額頭上的刺棘可以打針？

刺棘。
眼睛退化到小於0.5毫米。

額頭上長有像尖牙的刺棘

貝氏單頜鰻的額頭前端，有個長得像尖牙的突起部位。牠們會利用這個突起部位捕捉獵物，然後一口吞下肚。這個尖牙其實是貝氏單頜鰻的部分顱骨所變形而成。此外，貝氏單頜鰻的上顎部位已經退化，所以他們是沒有上顎的。

貝氏單頜鰻的刺棘其實是額頭的骨頭喔！

DATA基本資料

- 分類：單頜鰻的同類
- 全長：6～7公分
- 深度：2500～5430公尺
- 分布：南非近海、日本近海

打針

大排長龍
人氣超旺的!!
對吧!

貝氏單頜鰻
好了,我要打針了喔~

刺入!

怎麼覺得身體變輕了?
輕輕浮起
即將上天堂……
太厲害了!!
期待不已

謠言?

咦?
你要去打針?

我們蝦子圈很流行呢!
急急忙忙
是喔~
上下浮動

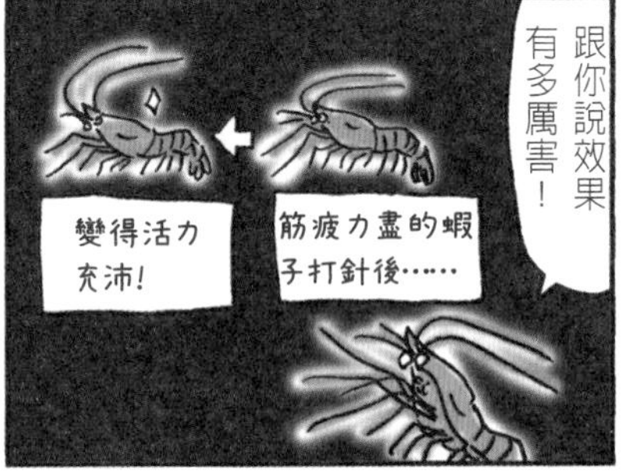

跟你說效果有多厲害!
筋疲力盡的蝦子打針後……
變得活力充沛!

太厲害了!!
我沒騙人吧!
急急忙忙
上下浮動

冷知識 貝氏單頜鰻沒有腹鰭,尾鰭也已經退化,所以只靠著長長的背鰭和臀鰭游泳。

活蹦亂跳

FILE_022

凹鰭冠帶魚

在黑暗中噴放烏黑墨汁的深海魚

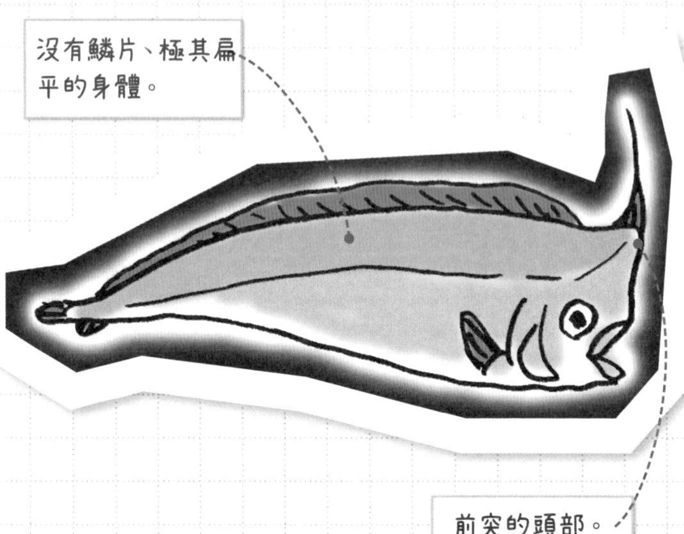
沒有鱗片、極其扁平的身體。
前突的頭部。

在黑漆漆的深海裡噴放黑漆漆的墨汁

凹鰭冠帶魚的腹部有一個用來囤積墨汁的囊袋。根據推測，凹鰭冠帶魚應該是在吃下最愛的烏賊後，在體內製造墨汁，並囤積在囊袋裡。

凹鰭冠帶魚和皇帶魚長得有點像呢！

DATA基本資料

- 分類：凹鰭冠帶魚種
- 全長：約2公尺
- 深度：200～500公尺
- 分布：太平洋、大西洋的溫暖海域

有些凹鰭冠帶魚可以長到將近2公尺長喔！

神秘深海魚

黑漆漆的深海

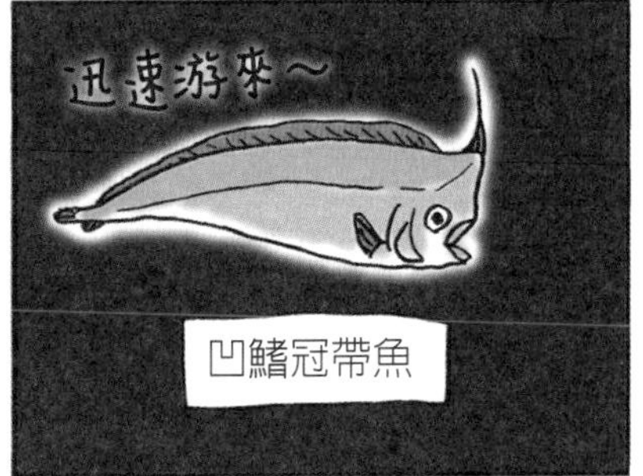
迅速游來～
凹鰭冠帶魚

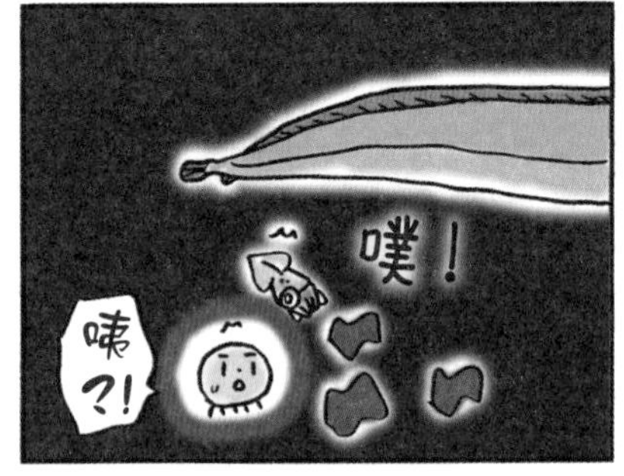
噗！
咦?!

哇！什麼東西啊?!
噴放墨汁的神秘深海魚

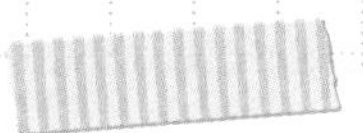
黑上加黑

在一片黑暗的深海裡……

哇！什麼東西啊?!
噗！

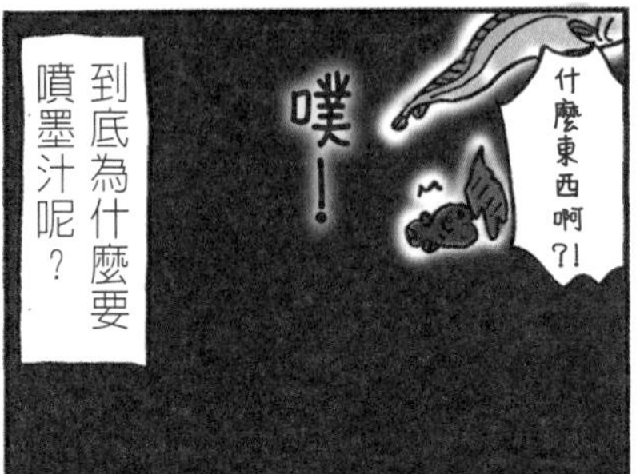
噗！
什麼東西啊?!
到底為什麼要噴墨汁呢？

冷知識 漁夫利用延繩捕魚法釣鮪魚時，有時會一起釣到凹鰭冠帶魚，但凹鰭冠帶魚是不能吃的。

活蹦亂跳

FILE_023

皇帶魚

深海裡傳說中的美人魚?!

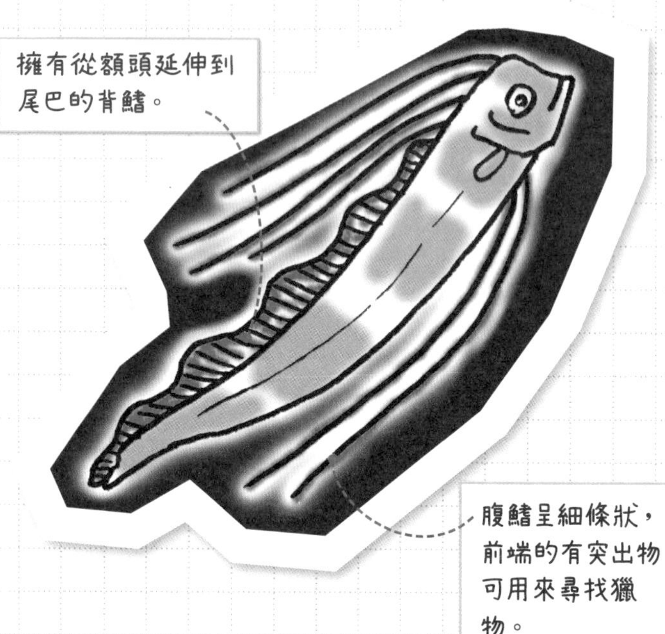
擁有從額頭延伸到尾巴的背鰭。
腹鰭呈細條狀，前端的有突出物可用來尋找獵物。

銀色夢幻的身體大受歡迎

皇帶魚擁有宛如彩帶般搖曳的魚鰭，身體也散發銀白色的光澤，外表十分漂亮。據說還因為皇帶魚擁有如此飄逸的外表，而有美人魚傳說。

皇帶魚會直立著身體游泳，也會斜著身體游泳喔。

DATA基本資料

- 分類：皇帶魚種
- 全長：5～10公尺
- 深度：200～1000公尺
- 分布：全世界所有海洋

皇帶魚在游泳時，像鬈毛一樣的背鰭也會跟著飄動喔！

深海裡的人魚

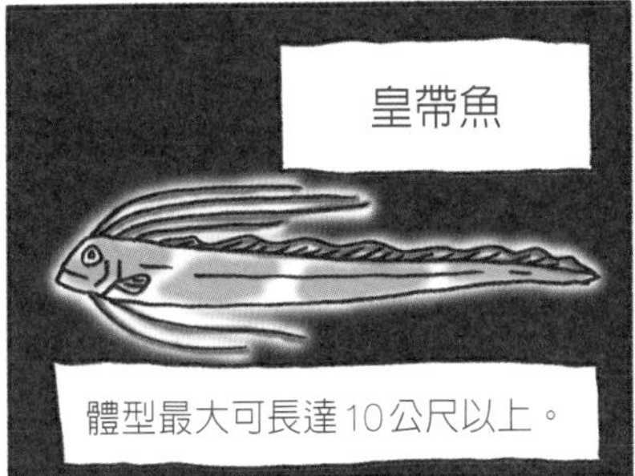
皇帶魚
體型最大可長達10公尺以上。

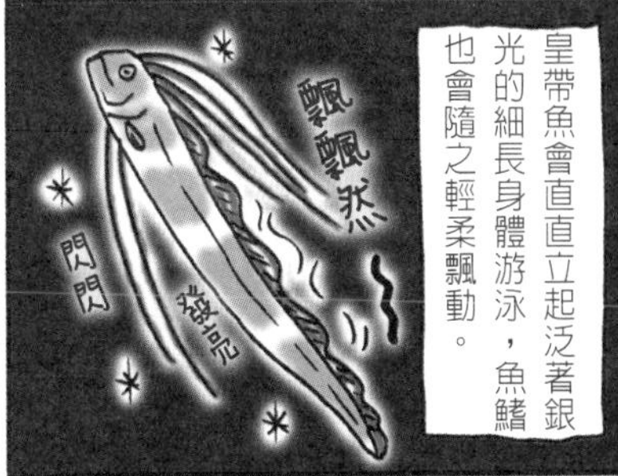
皇帶魚會直直立起泛著銀光的細長身體游泳，魚鰭也會隨之輕柔飄動。
飄飄然
閃閃
發亮

據說皇帶魚如此美麗的姿態，成為人們幻想的美人魚模樣。

我想變成皇帶魚！
我也是！
別做夢了！

人見人愛

不知道有什麼大人物要現身了。
期待不已
期待不已
期待不已

來了!!

飄飄然
皇帶魚

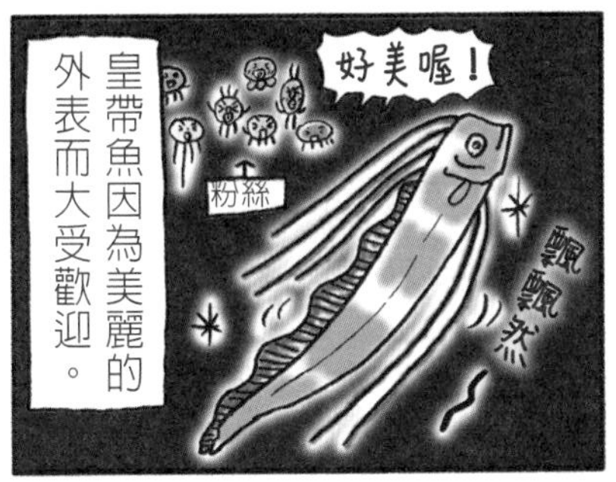
皇帶魚因為美麗的外表而大受歡迎。
好美喔！
粉絲
飄飄然

冷知識 颱風等災難來襲時，有時會看到皇帶魚被打上岸喔。

FILE_024

① 棘銀斧魚 ② 東大西洋管肩魚

身體扁平的捉迷藏高手

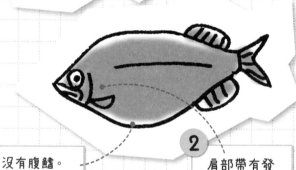

活蹦亂跳

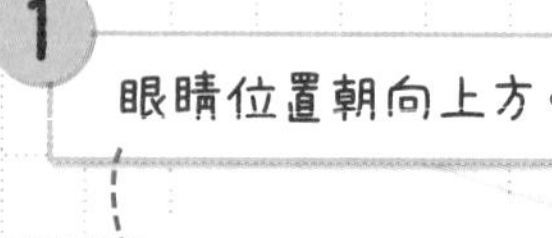

1
眼睛位置朝向上方。

1 腹部有一排發光器。

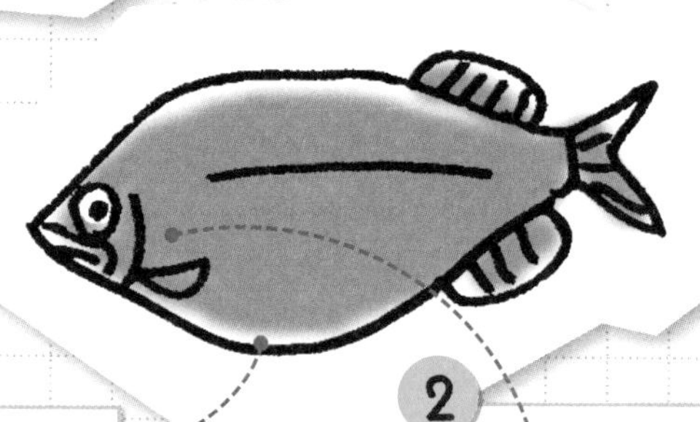

2 沒有腹鰭。

2 肩部帶有發光器。

薄薄一片的身體最適合隱藏身影

棘銀斧魚和東大西洋管肩魚的身體厚度都非常薄，只有幾毫米。

因此在黑暗的深海裡看牠們的正面時，幾乎看不見牠們。

不僅如此，棘銀斧魚還能夠利用腹部的發光器反向照光，隱藏自己的身影，讓敵人看不到牠們。

DATA基本資料

- 分類：①擢胸魚科　②管肩魚科
- 全長：① ②7～8公分
- 深度：①100～600公尺
  ②400～5000公尺
- 分布：
  ①太平洋、印度洋、大西洋
  ②西部太平洋、印度洋、大西洋

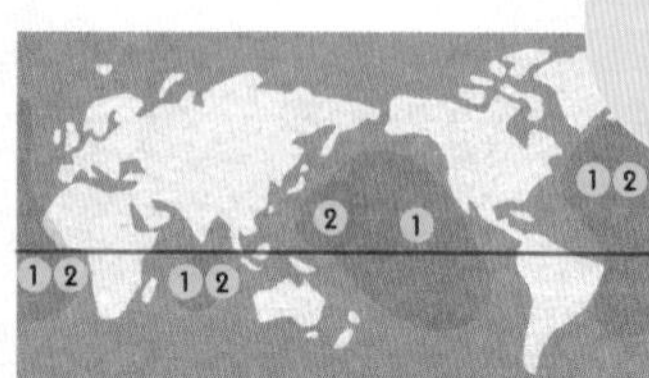

1 2
2
1
1 2
1 2

如果沒有從側面看，就幾乎看不到牠們的存在喔！

魔術秀

我要開始
變魔術了喔！

現在我要讓這條
魚瞬間消失！
1……
2……

3
!!
彈指

你看，
消失了！
怎麼可能?!

再來一招！

接下來
我要更大規模地讓
東西消失不見！
心跳加速

我要讓那一大群
管肩魚瞬間消失。
那麼大一群魚……
不可能吧！

彈指

你看，
消失了！
太誇張了吧!!

冷知識　東大西洋管肩魚和在淺海活動的遠東砂瑙魚或日本鯷並不屬於同類喔！（譯註：東大西洋管肩魚和遠東砂瑙魚、日本鯷的日文名字都含有「イワシ」三個字，但屬於完全不同魚種。）

一起變魔術！

魔術大揭密
偷偷告訴大家
大家魔術的祕密！

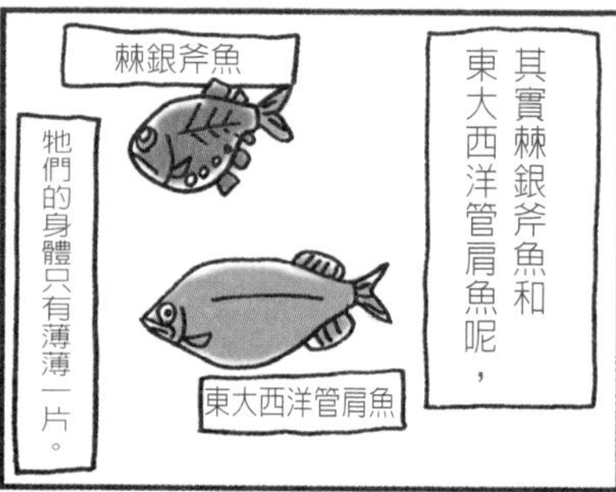
其實棘銀斧魚和東大西洋管肩魚呢，
棘銀斧魚
東大西洋管肩魚
牠們的身體只有薄薄一片。

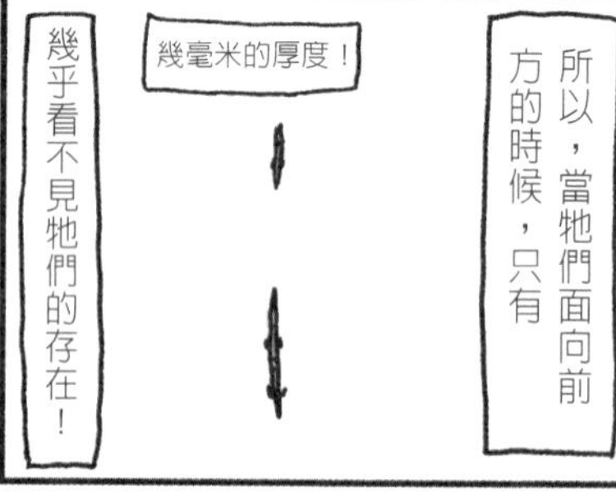
所以，當牠們面向前方的時候，只有
幾毫米的厚度！
幾乎看不見牠們的存在！

明天開始，你也會是高人氣的魔術師！
東大西洋管肩魚
厲害！
對啊！
棘銀斧魚

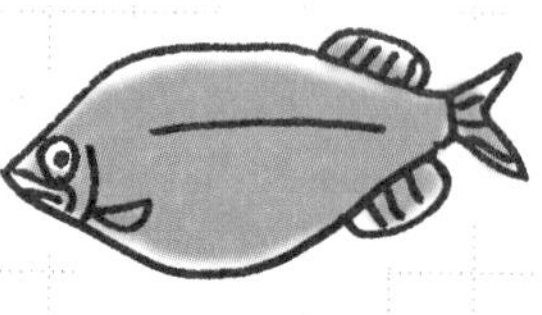

適應深海環境

深海生物當中，有許多種類的生物具有極端的特徵，像是身體非常扁薄、透明身體或巨大嘴巴等等。這些特徵是深海生物為了在嚴酷的環境中不被敵人發現，又或是讓自己容易捕捉獵物而演化出來的結果喔。

迷你深海圖鑑

美味可口的深海生物

紅金眼鯛是一種擁有大大的眼睛、泛著金黃色光芒的深海魚。牠們的顏色和外表長得很像鯛魚，才會被取名為「紅金眼鯛」，但事實上並非鯛魚的同類。到了晚上，紅金眼鯛就會往上游到淺海處。紅金眼鯛的燉煮料理和生魚片十分受到人們的喜愛！

紅金眼鯛

■全長：50公分
■深度：200～800公尺

我最推薦的吃法是生吃或用醬油醃漬來吃！

螢火魷

■胴體長：7公分
■深度：300～400公尺

螢火魷是一種會全身發出藍白光的小型烏賊。春天到初夏的這段時期，雌螢火魷會為了產卵而成群移動到海岸附近。在日本的富山灣，螢火魷被認定為國家天然紀念物。螢火魷生魚片或螢火魷醬油醃漬料理都很好吃喔！

I ♥ DEEP-SEA FISHES

活蹦亂跳

FILE_025

大鰭後肛魚

透明的頭部！向上突出的綠色眼睛！

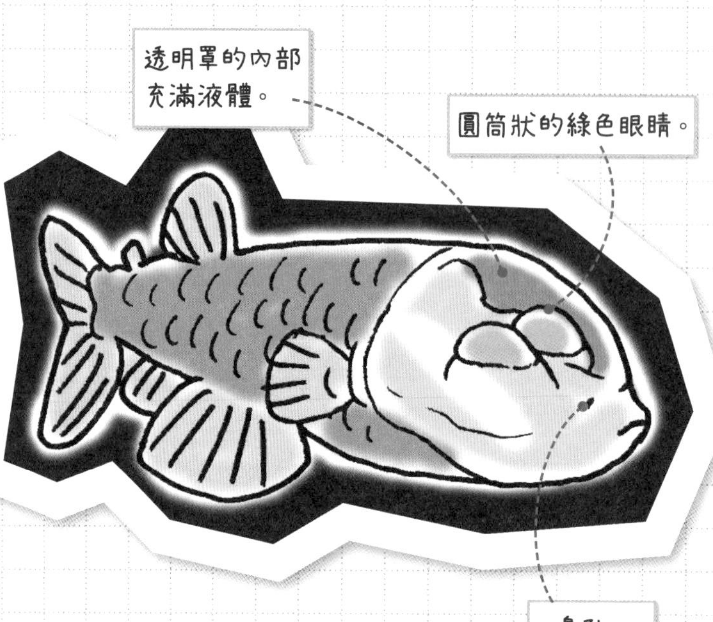
透明罩的內部充滿液體。
圓筒狀的綠色眼睛。
鼻孔。

有透明罩保護的大眼睛

大鰭後肛魚在游泳時眼睛會朝向上方，尋找獵物的蹤影。

往上游浮到和獵物一樣高的位置後，大鰭後肛魚的眼睛會轉向正前方，然後直直盯著獵物大口咬下。大鰭後肛魚最愛吃水母，也會吃附著在水母觸手上的小生物。

DATA基本資料

- 分類：大鰭後肛魚屬
- 全長：10～15公分
- 深度：400～800公尺
- 分布：太平洋

大鰭後肛魚的綠色眼睛能夠朝上方和前方轉動喔！

清澈透明

深海裡有無數的稀奇生物。
啊！
哇喔！
小光
小游

登場！
大鰭後肛魚

頭部透明，還可看見眼睛在頭部裡面。
眼睛
鼻子

哇喔！大鰭後肛魚耶！我第一次看到！
超稀奇的！
開心得不得了！
我也是！

眼睛

我們靠近一點看吧!!
好喔!!

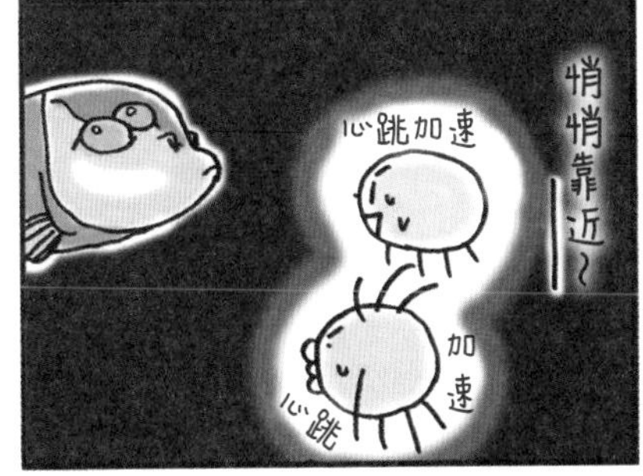
悄悄靠近～
心跳加速
心跳加速

轉動

牠的眼睛在裡面動了耶！
太強了！超恐怖的！
……
大鰭後肛魚會在頭內轉動眼睛

冷知識 大鰭後肛魚一旦死了，頭部的透明罩就會垮下來，所以只有在牠還能游泳時才有機會看見透明罩。

活蹦亂跳

FILE_026

半裸銀斧魚

為了看清楚上方而向上突出的眼睛

只有幾毫米厚度的扁平身體。

兩列共24個發光器。

為了尋找獵物而向上突出的眼睛

半裸銀斧魚視線總是向上，一邊游泳，一邊尋找獵物的蹤影。

半裸銀斧魚身軀扁平，也能夠使出「反向照光（p.104）」的防禦招數，所以敵人往往難以發現牠們的存在。

不僅如此，半裸銀斧魚還能夠自己控制發光的強度。

DATA基本資料

- 分類：摺胸魚科
- 全長：3～10公分
- 深度：200～1000公尺
- 分布：太平洋、大西洋、印度洋

半裸銀斧魚的外表和顏色長得好像斧頭喔！

在看什麼啊？

目不轉睛
你們在看什麼啊？

我什麼都沒看到啊！

半裸銀斧魚
眼睛向上突出的深海魚。

欸！上面有什麼嗎？
半裸銀斧魚往上看，是為了尋找從上方通過的獵物。

往上看

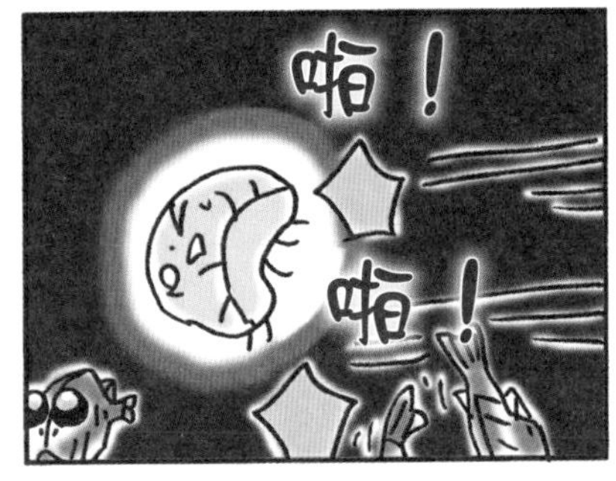
啪！
啪！

欸！很痛耶！
你們游泳時眼睛在看哪裡啊?!

目不轉睛
目不轉睛
眼睛往上看。

我的媽呀!!
目不轉睛
目不轉睛
目不轉睛
目不轉睛

冷知識 半裸銀斧魚的英文名字叫作Hatchetfish，意思就是「斧頭形狀的魚」。

FILE_027

腔棘魚

恐龍時代以前就一直存在的古代魚

活蹦亂跳

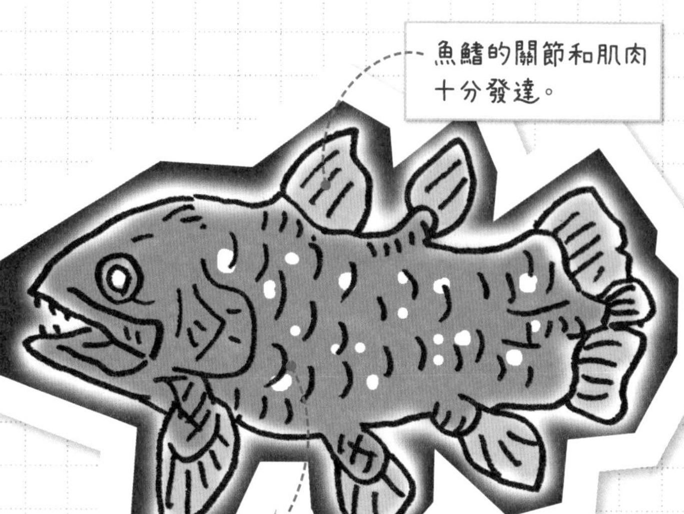
魚鰭的關節和肌肉十分發達。
如鎧甲般堅硬的鱗片。

比恐龍還遠古的深海古代魚

腔棘魚會頭朝下，用倒立的姿勢捕食海底的獵物。捕食時，腔棘魚像擁有手腳般，能靈巧地擺動有肌肉的魚鰭。腔棘魚也被形容是魚類演化成陸生動物的過渡形態喔。

DATA基本資料

- 分類：腔棘魚目
- 全長：1～2公尺
- 深度：100～600公尺
- 分布：南非的科摩羅群島近海、印尼的蘇拉威西島近海

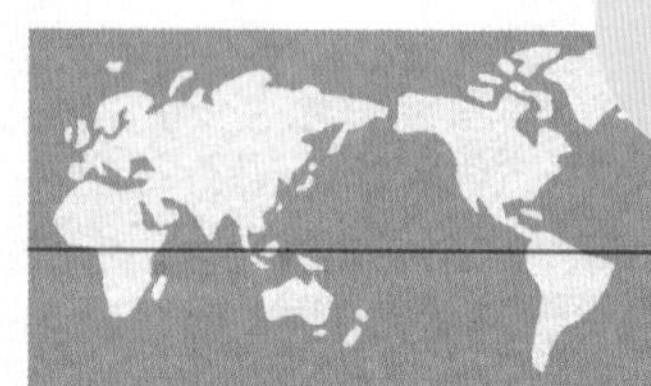

腔棘魚游泳時會輪流擺動左右兩邊的魚鰭，做出像在滑水的動作喔！

倒立

腔棘魚
擺動
擺動
經常倒立著游泳。
2公尺

你好~
你好~
咦？

轉身
要這樣才對！

惡作劇成功！
轉身

冷知識 人們原本以為腔棘魚已經和恐龍一起滅絕，但在1938年發現了活生生的腔棘魚。

活蹦亂跳

FILE_028

黑柔骨魚

悄悄發光讓自己隱身的深海魚

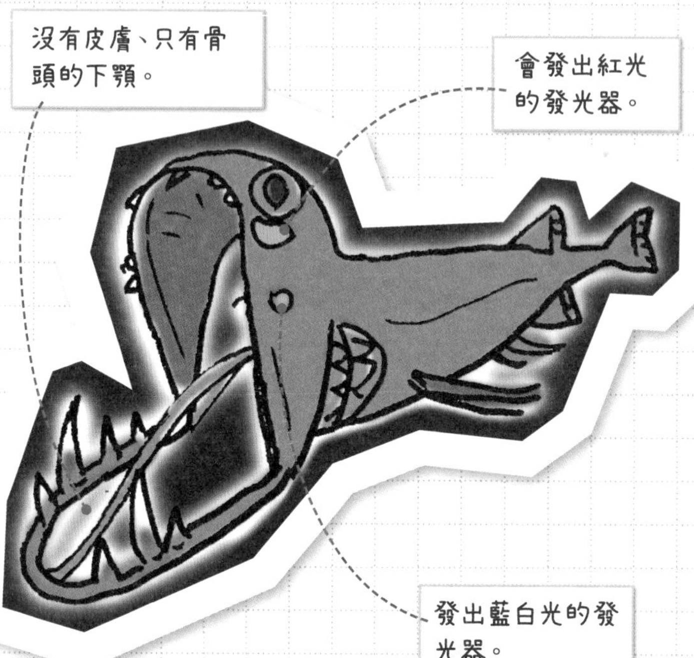
沒有皮膚、只有骨頭的下顎。
會發出紅光的發光器。
發出藍白光的發光器。

利用紅光和中空的下顎捕捉獵物

黑柔骨魚擁有和頭部差不多長的長下顎。牠們的下顎只有骨頭，所以海水會直接貫穿過去。因此，黑柔骨魚可以在不受到海水的阻力之下，保持張開嘴巴的姿勢迅速逼近獵物。

DATA基本資料

- 分類：巨口魚目
- 身長：20公分
- 深度：1000～4000公尺
- 分布：全世界所有海洋

黑柔骨魚能夠靠著只有骨頭的下顎，大口咬下大型獵物喔！

您先請！

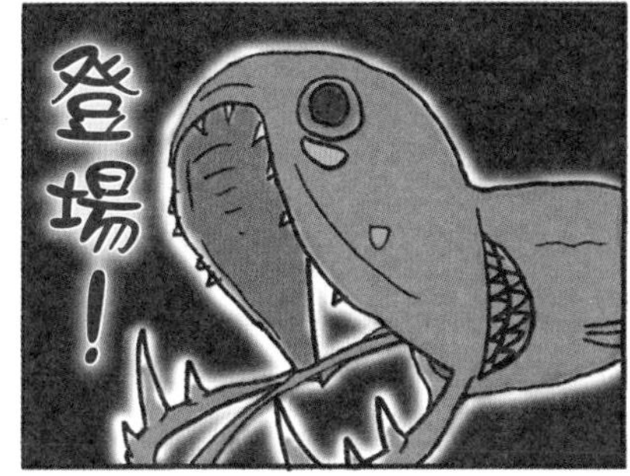
登場！

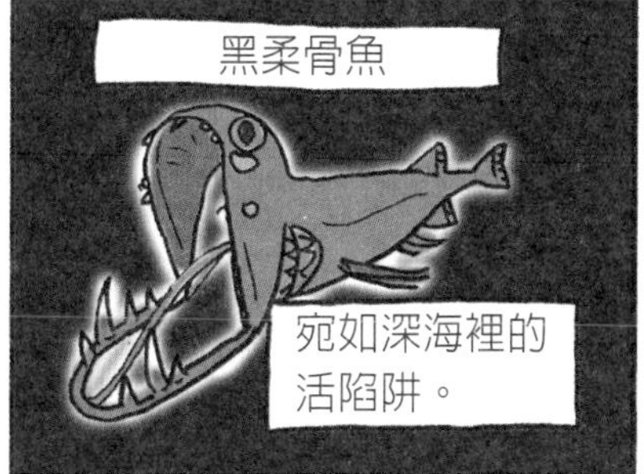
黑柔骨魚
宛如深海裡的活陷阱。

如果碰到那裡，
牠就會閉起嘴巴。

您先請！
什麼?!

展開行動

我才不要哩！誰想去碰啊！
那我來好了！

預備……起！
掉下來的小石子。

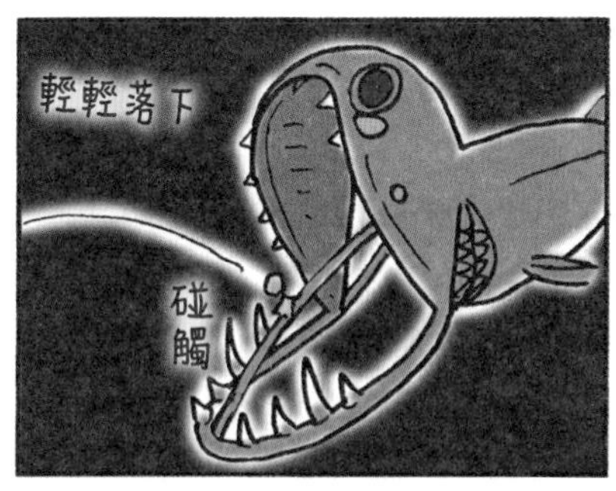
輕輕落下
碰觸

我的媽呀!!
猛力
咬下！

冷知識 黑柔骨魚的背脊結構就像一條軟管，所以牠們能夠轉頭看向後方。

牠都知道?!

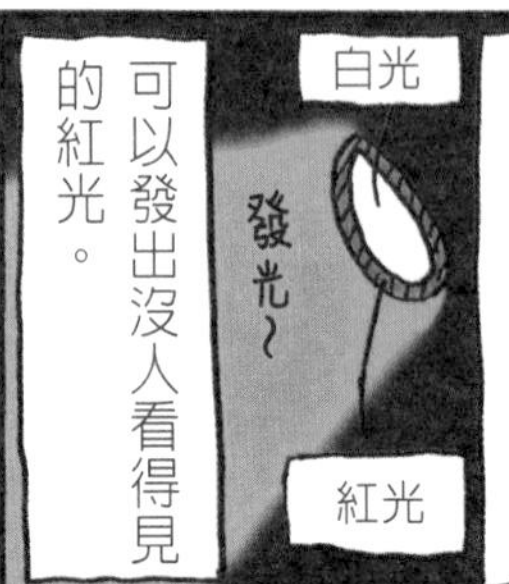
黑柔骨魚的發光器覆蓋著一層紅色薄膜，
白光
發光～
紅光
可以發出沒人看得見的紅光。

呵呵呵！
我咬！
救命啊！

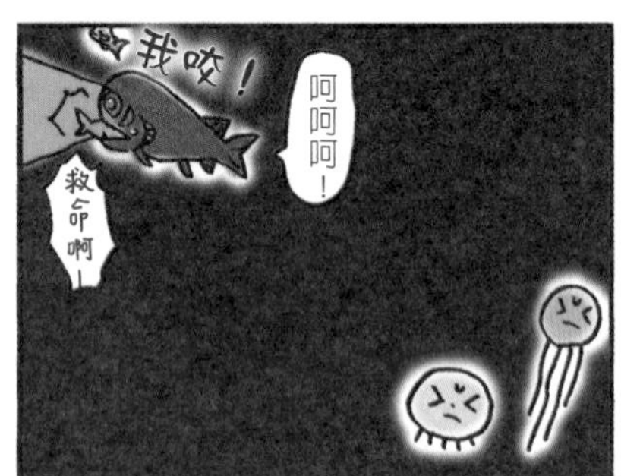
我咬！
呵呵呵！
救命啊！

牠怎麼知道獵物在哪?!
心驚
膽跳

深海裡的紅光

深海裡，幾乎所有生物都感受不到紅光（p108）。

不過，黑柔骨魚能夠利用眼睛下方發出的紅光，尋找到獵物。

ちょこっと
深海小報

NO.5

來自淺海的生物

死掉的鯨魚

當死掉的鯨魚沉入海裡後，啃食腐肉的生物們就會聚集過來。等到鯨魚的肉被啃個精光，裸露出骨頭後，就會換成想要利用骨頭的生物聚集。鯨魚的骨頭不但可以成為食物，也可以用來築巢。不僅如此，還有一種細菌能夠分解骨頭所含有的脂肪，進而產生「硫化氫」，有些生物也會讓利用「硫化氫」產生養分的細菌寄生在體內，為自己帶來養分。所以對深海生物來說，鯨魚的存在是非常重要的。

深海的垃圾汙染問題

從塑膠袋到洗衣機等大型物品，沉入深海裡的垃圾什麼都有。人類調查捕捉到的深海生物的胃部，發現有塑膠袋等垃圾。當中也有生物因為吃下這類無法消化的物品，而不幸死亡。

另外，海裡的生物吃下垃圾會產生有毒化學物質，所以有時也會發生人類因為吃下這些生物而中毒的事件。

大家要記得千萬不要把垃圾丟棄到大海裡唷。

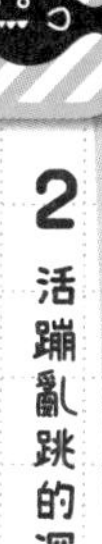

〈深海專欄column〉

幾乎所有深海生物都會發光

深海裡的星星

住在深海裡約有90％的生物，他們的身體某處都會發光。

從水深100公尺到1000公尺的海域稱為暮光層（意指昏暗地帶），在這裡只照射得到少量的陽光。雖然如此，但對人類來說，幾乎是一片漆黑。

在暮光層，隨處可見到小小的藍白光閃爍著。這些是深海生物所發出的光芒。因為這些光芒看起來就像夜空上的星星，所以被形容是「海洋之星（Marine star）」。

那道光

深海裡總是一片漆黑。
好無聊～

發光～
那道光會是小光嗎？

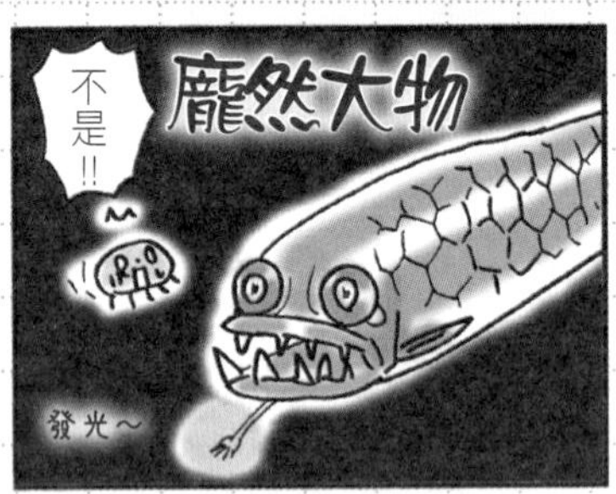
龐然大物
不是!!
發光～

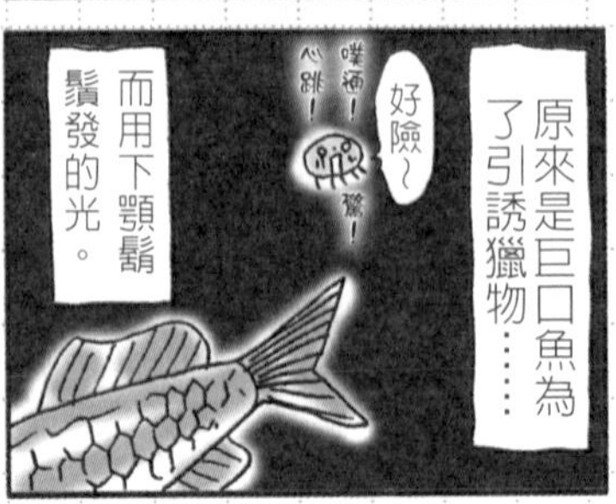
原來是巨口魚為了引誘獵物……
好險～
噗通！心跳！
驚！
而用下顎鬚發的光。

光芒的顏色

深海生物所發出的光芒顏色是……
發光～

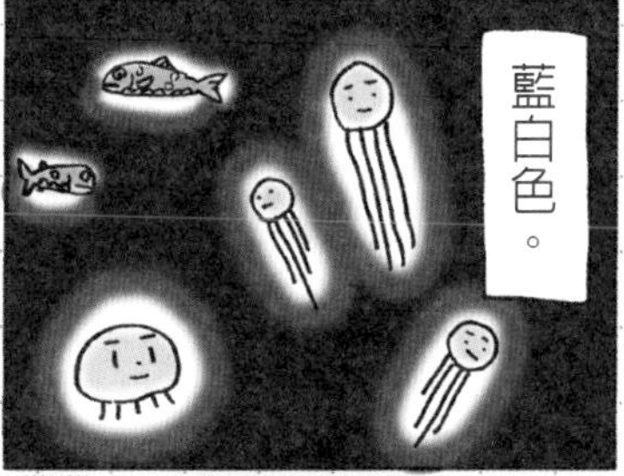
藍白色。

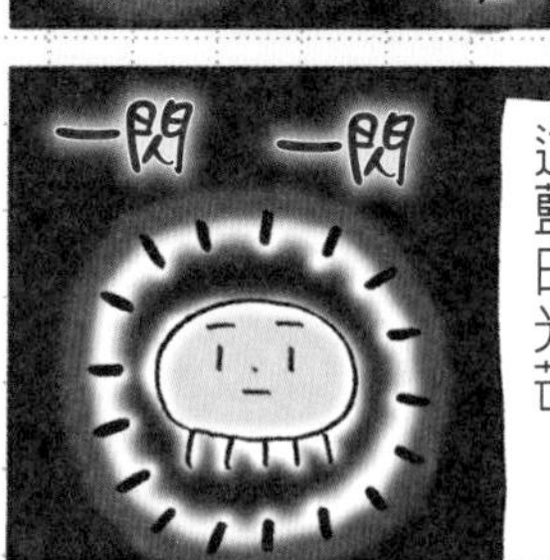
深海生物會靠著這藍白光芒……
一閃 一閃

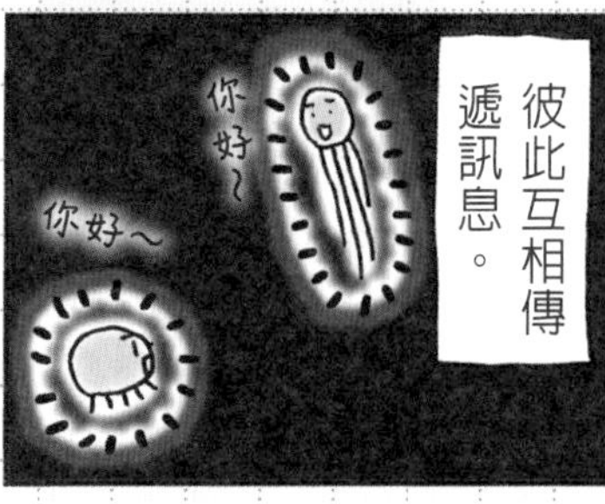
彼此互相傳遞訊息。
你好～
你好～

為什麼會發光？

深海生物之所以會發光，當中有幾個原因。像是為了與同伴交流而發光，就和陸地上的螢火蟲一樣，深海生物也會利用發光來打暗號。

還有為了照亮四周而發光。當四周變得明亮，就比較容易發現獵物。不過，發光也會讓自己陷入容易被敵人發現的狀況。

而部分生物是為了讓敵人感到刺眼而發光。也就是說，這些生物會在受到敵人襲擊時發光，再趁著敵人雙眼昏花時趕緊逃跑。

也有生物會像疏刺角鮟鱇（p. 40）一樣，利用發光來引誘獵物靠近。

〈深海專欄column〉

深海生物如何發光呢？

利用「光源」自己發光

靠自己的力量（自力）發光的深海生物，體內含有名叫發光蛋白質的「光源」。也含有「促使發光」的另一種蛋白質。這類深海生物會在體內結合此兩種蛋白質而自力發光。

發光類型

發光的深海生物當中，
你是自力還是他力？
可分為自力發光和他力發光兩種類型。
眶下眶燈魚

自力發光！
擊掌！
耶！
小游屬於自力發光。

你是自力還是他力？
他力。
約氏黑鮟鱇

原來你不會自己發光啊～
呵呵～
火大～

發光方式

自力發光類型的生物，
會利用體內的蛋白質發光。
發光～
嘿嘿！
其實沒有很懂自己為什麼會發光。

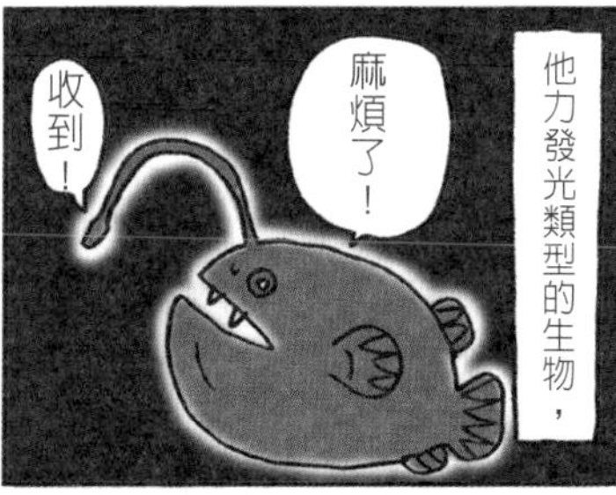

他力發光類型的生物，
麻煩了！
收到！

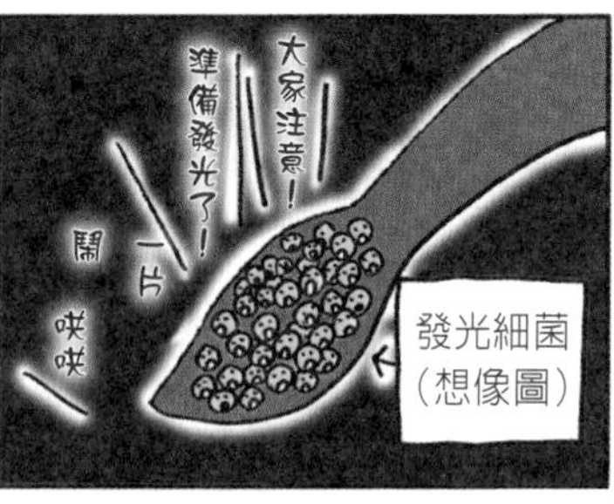

大家注意！
準備發光了！
一片
鬧哄哄
發光細菌（想像圖）

交給體內的發光細菌來負責發光。
好好喔～這麼輕鬆！
真是不好意思……
發光～

讓發光生物進入體內來發光

以疏刺角鮟鱇（p. 40）為例，牠們頭上長有一根誘餌（讓獵物誤以為是食物的假餌），並且擺動誘餌來引誘獵物。

其實呢，疏刺角鮟鱇的發光誘餌內，住著發光細菌（微小的發光生物）。發光

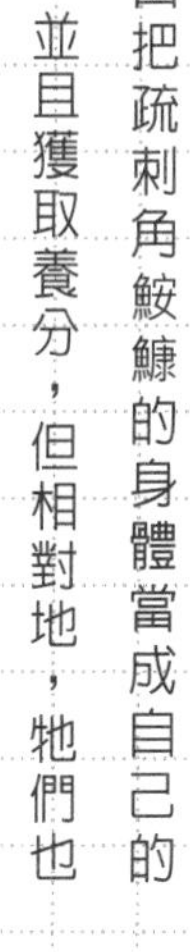

細菌把疏刺角鮟鱇的身體當成自己的家，並且獲取養分，但相對地，牠們也透過發光來幫助疏刺角鮟鱇。

〈深海專欄column〉

發光隱身術

其實看得見！

即使在深海，
咦?!
也照射得到陽光。
什麼?!

嗯?!

如果從正下方往上看，
其實看得見陰影的！
不會吧?!

反向照光

在暮光層（p.100），住著會藉由發光來隱藏身影的生物。

在暮光層時，如果從底下往上看，會看見生物因為照射到來自上方的陽光，而形成黑色陰影。這時，如果生物從腹部側邊發出微弱的光芒，就能夠讓身體和海水顏色融為一體，從底下也就會看不見其身影。

這樣的隱身術稱為反向照光，眶下眶燈魚和螢火魷（p.89）等生物都會利用這個招數來隱藏身影。

無法靠發光來隱藏身影的世界

在昏暗的暮光層，生物可以靠著發光來隱藏身影，但在比暮光層更深的深海，沒有生物會使用這樣的隱身術。原因是在完全照射不到陽光的底深層（p.8）或是更深的深海發光的話，反而會讓自己變得醒目。還有，在深層海域棲息的生物平時就不依賴光線生活，所以很多生物的眼睛都已經失去功能。取而代之，這些生物感受微弱水流的器官發達，來幫助牠們發現敵人或尋找獵物。

看不見了！

在這種狀況下，想出來的絕招就是……
巨口魚的同類
啊！敵人出現!!

快發光!!
咦?!
發光！

藉由發光來隱藏身影的招數！
這招叫作「反向照光」！

隱身成功！
嗯?!
看不見

3 章

深海硬蹦蹦的生物

GACHIGACHI

p.120

附著在水母身上
到處趴趴走～

一起來探索深海生物的奧妙！

p.114

在一片黑暗中
發亮的神祕光芒！

p.112

這什麼東西？
是活的嗎？

p.118

深海裡的巨形
○○○蟲！

〈深海專欄column〉

深海生物的顏色

不容易被看見的紅色

紅光不容易穿透水。我們用肉眼看見的河川、湖泊或海洋，之所以是藍色，就是因為這樣。

因此，在水裡也不容易看見紅色。隨著水深越深，紅色物體就越容易被看成是黑色物體。也就是說在深海裡，紅色是不容易被看見的顏色。

顏色的秘密

光線會穿透透明體，所以不容易被看見。
穿透～
穿透～

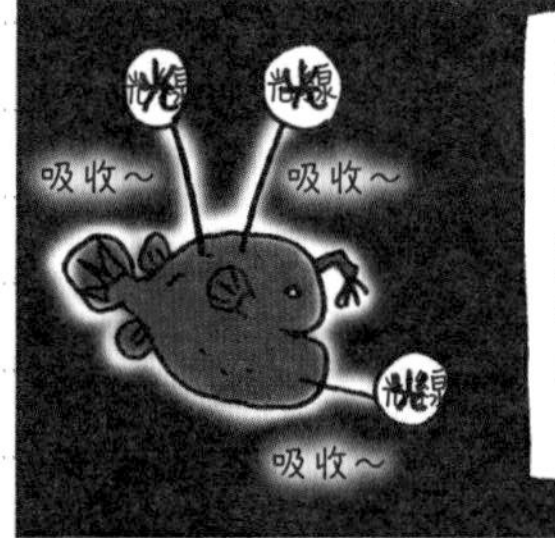
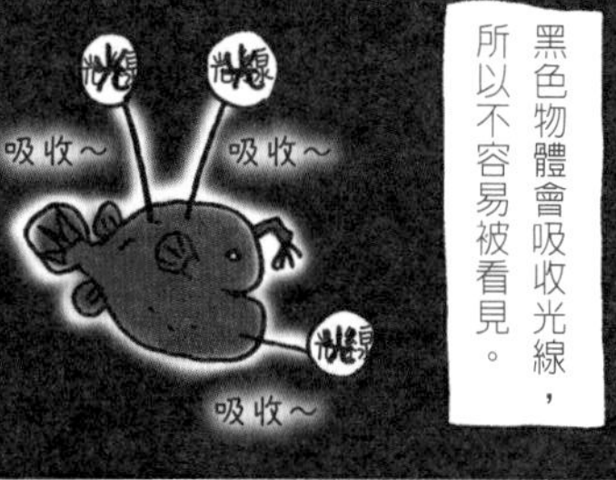

黑色物體會吸收光線，所以不容易被看見。
吸收～
吸收～
吸收～

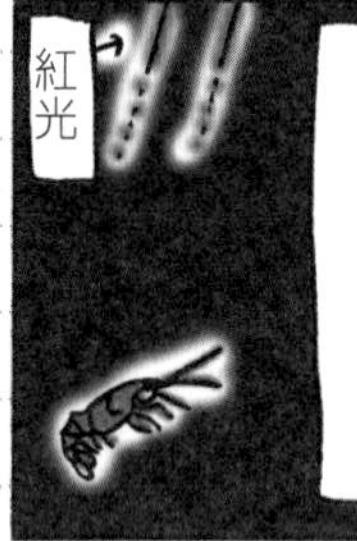

紅光到達不了深海處，所以紅色物體看起來像黑色而不容易被看見。
紅光

是喔～原來是這樣喔！紅色好強喔！
跑哪兒去了?!
在這裡！

深海裡有很多紅色生物

紅燈籠水母
可利用紅色部位藏起吃下肚的發光生物。

深海生物當中，有不少生物擁有不容易被敵人發現的紅色外表。紅燈籠水母（p. 18）用來遮蓋胃部的百葉窗之所以會是紅色，也是為了不讓敵人發現。所以，紅燈籠水母即使吃下發光生物，也會因為被紅色遮蓋而不容易被看見。

透明生物、黑色生物

獨樹鬚魚
迅速游來～
耶！
只要變得看不見，就不會被敵人和獵物發現。

在深海裡，「設法不被敵人發現」和「不被獵物發現」都一樣重要。所以，有很多看不見的透明生物，以及體色和黑暗融為一體的黑色生物棲息在深海裡。

硬蹦蹦

FILE_029

隱巧戎

捕食獵物後直接當成自己家住

狀似「桶子」的物體是捕食到的生物外殼。
隱巧戎的寶寶們出生後會吃「桶子」長大。

把獵物的身體當成食物來育兒

隱巧戎會把大西洋火體蟲或海樽等生物的果凍狀內部器官吃個精光後，再把這些生物的外殼當成巢穴。

雌性隱巧戎產卵後，會在外殼巢穴裡養育孵化出來的隱巧戎寶寶。

DATA基本資料

- 分類：巧戎屬
- 身長：2～3公分
- 深度：200～1000公尺
- 分布：全世界的溫暖海域

隱巧戎的外表雖然有點可怕，但也有養育寶寶的溫柔一面！

3公分

隱巧戎
別名「深海異形」

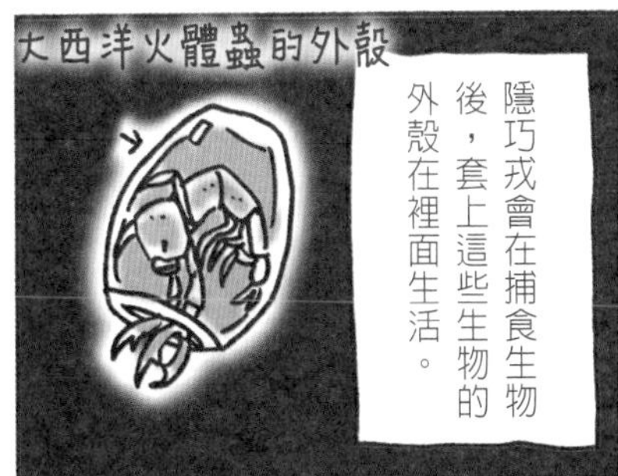

大西洋火體蟲的外殼
隱巧戎會在捕食生物後，套上這些生物的外殼在裡面生活。

張牙舞爪！

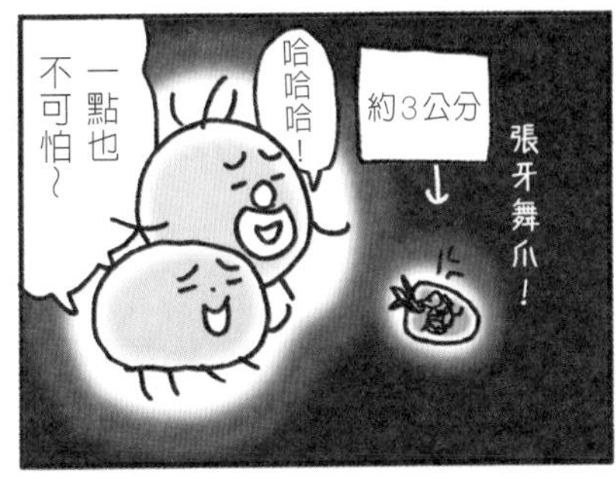

一點也不可怕～
哈哈哈！
約3公分
張牙舞爪！

深海外星人

你知不知道這附近會出現「深海外星人」？
竊竊細語
外星人?!

張牙舞爪！

我的媽呀!!
出現了!!

也太小隻了吧！
張牙舞爪！

冷知識　隱巧戎的寶寶會吃外殼來成長。

硬蹦蹦

FILE_030

象海蜘蛛

身體構造幾乎都是腳?!

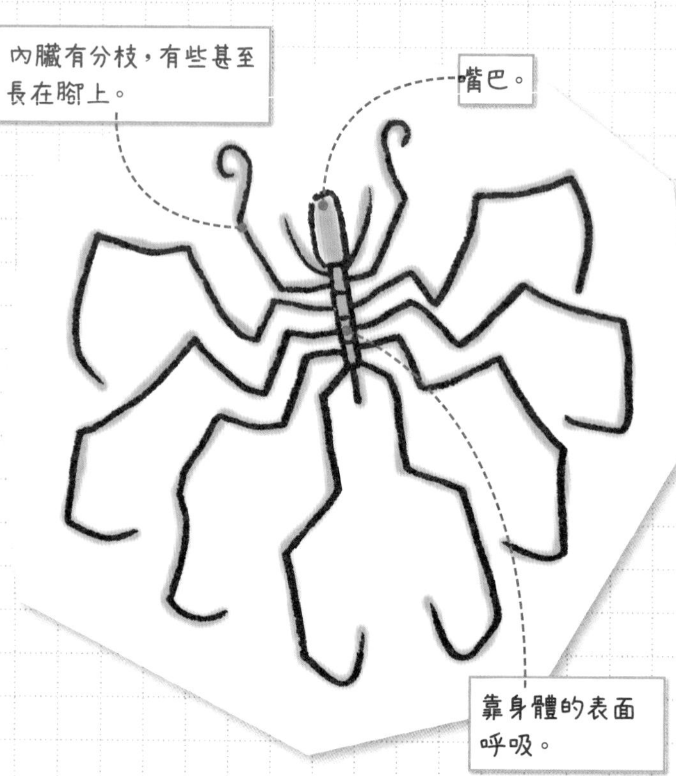
內臟有分枝，有些甚至長在腳上。
嘴巴。
靠身體的表面呼吸。

像一隻巨大蜘蛛的生物

象海蜘蛛伸長腳時，有些可以長達50公分呢。牠們的身體構造幾乎都是腳，習慣在深海的海底緩慢爬行。

象海蜘蛛的外表和陸地上的蜘蛛十分相似，但屬於完全不同種類的生物。

DATA基本資料

- 分類：海蜘蛛目
- 全長：50公分
- 深度：700～4000公尺
- 分布：全世界所有海洋

研究推測象海蜘蛛應該是靠嘴巴吸住獵物來捕食喔！

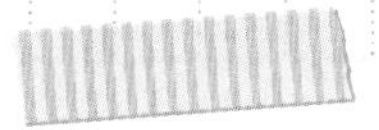

嘴巴

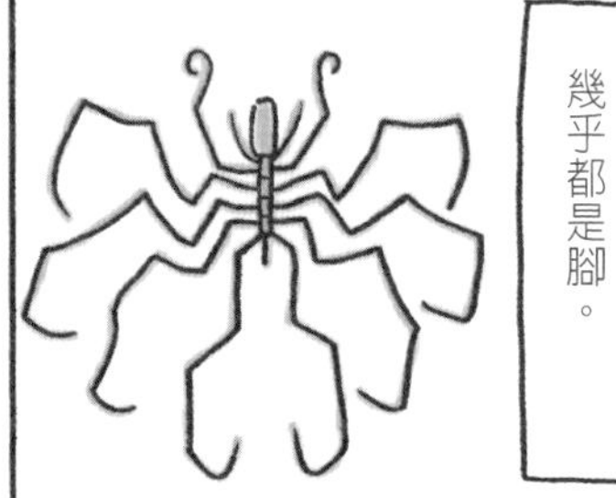
海蜘蛛的身體構造幾乎都是腳。

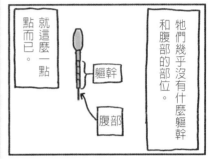

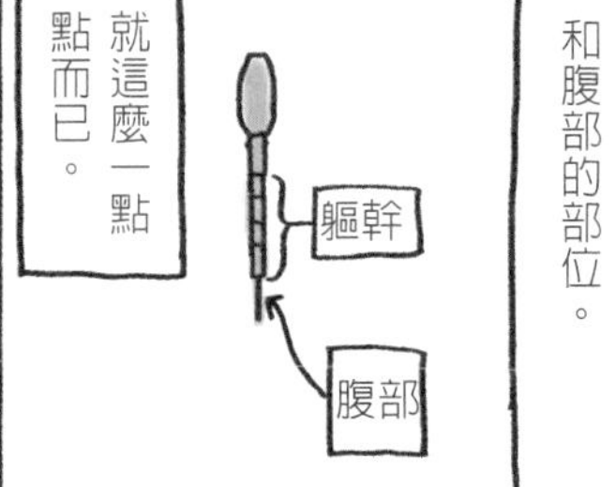
牠們幾乎沒有什麼軀幹和腹部的部位。
軀幹
腹部
就這麼一點點而已。

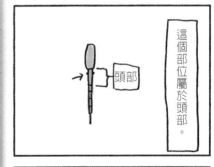

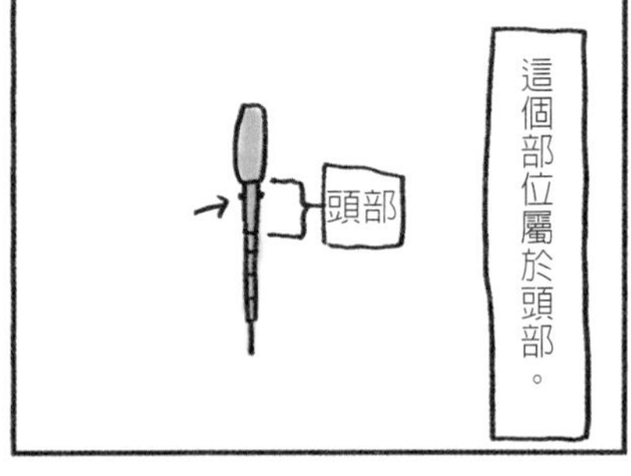
這個部位屬於頭部。
頭部

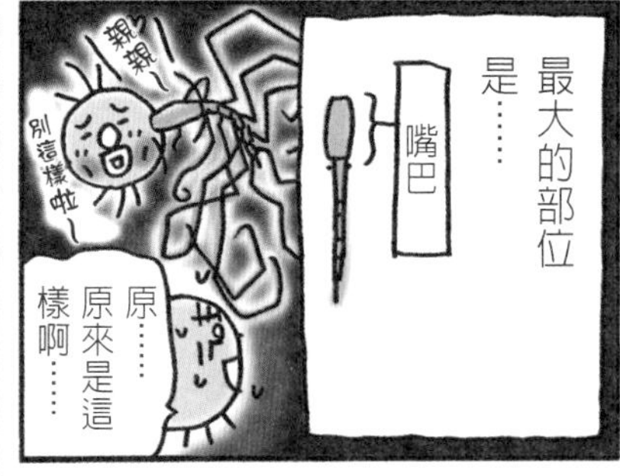
最大的部位是……
嘴巴
親親~
別這樣啦~
原……原來是這樣啊……

吸住

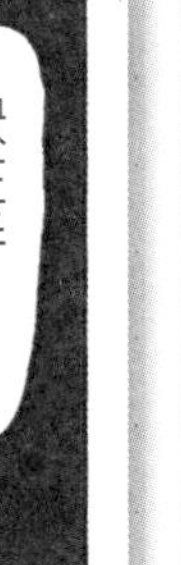
快住手!!
親親~
親親~

這樣很難為情耶!
親親~
親親~

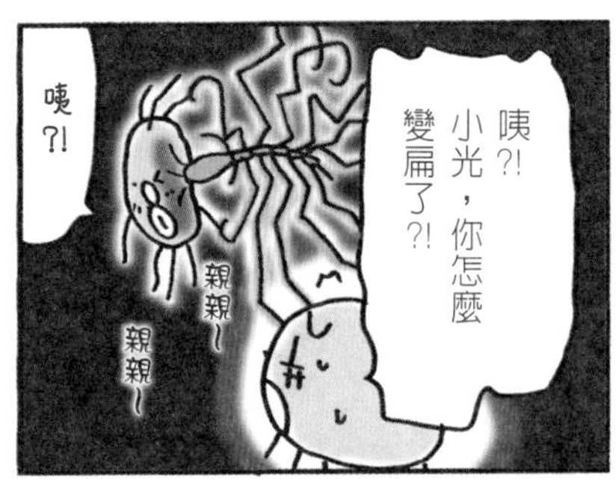
咦?! 小光，你怎麼變扁了?!
咦?!
親親~
親親~

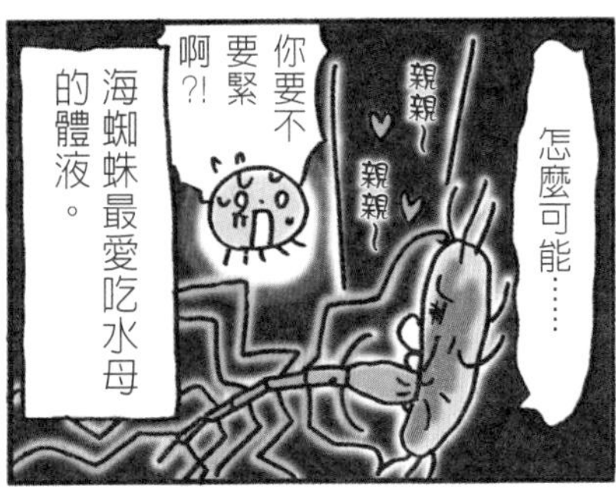
怎麼可能……
親親~
親親~
你要不要緊啊?!
海蜘蛛最愛吃水母的體液。

冷知識　淺海處也有很多海蜘蛛的同類棲息，但體型大多小於深海的海蜘蛛。

FILE_031

長腹水蚤

噴射發光液！

硬蹦蹦

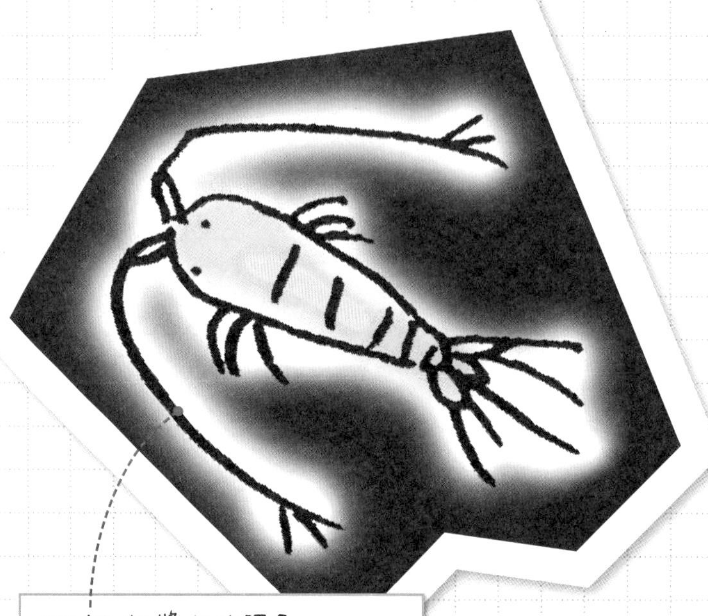

形狀如船槳般的觸角。

噴射發光液讓敵人雙眼昏花

長腹水蚤的身長才約1公分，所以總是被魚類盯上喔。遭到敵人攻擊時，長腹水蚤會噴射發光液，噴射幾秒鐘後發出強光，引開敵人的注意力。長腹水蚤的發光液是一種特殊的發光物質，有可能在醫學領域上帶來幫助，因此備受矚目。

DATA基本資料

- 分類：長腹水蚤屬
- 身長：1公分
- 深度：100～4000公尺
- 分布：全世界的溫暖海域

長腹水蚤是橈腳類的浮游生物喔！

3 硬蹦蹦的深海生物

必殺技

也有這樣的發光方式……
見招!!
咦?
長腹水蚤

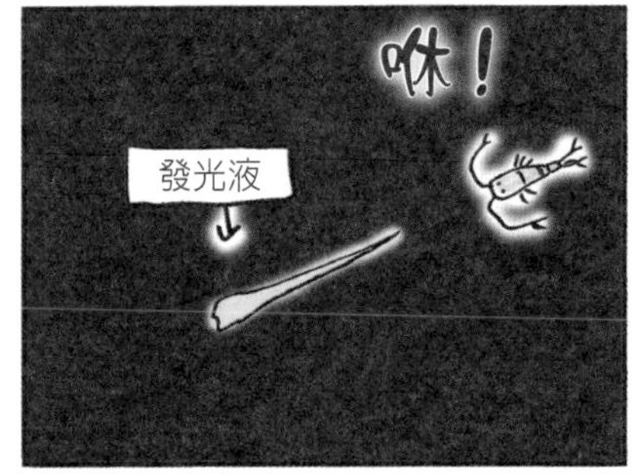
咻!
發光液

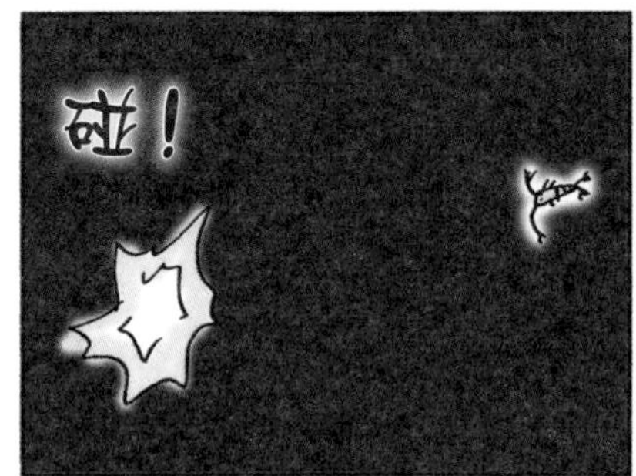
碰!

哇!!帥呆了!!
碰!
碰!
咻!
咻!
噴射發光液來嚇唬敵人。

冷知識 從淺海到深海，都可以看見很多長腹水蚤的同類喔！

硬蹦蹦

FILE_032

深海蝦

雄雌變變變！

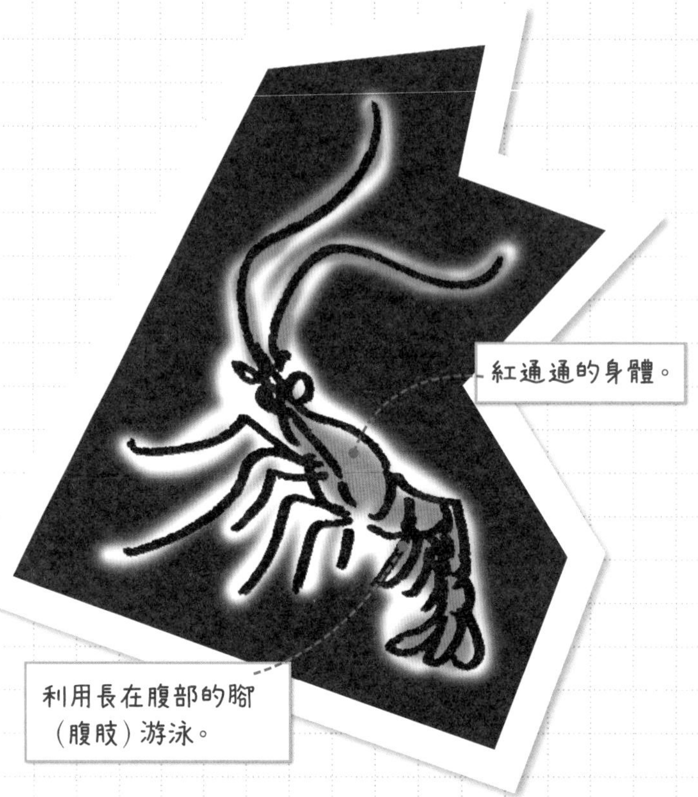
紅通通的身體。
利用長在腹部的腳（腹肢）游泳。

雄雌互變

深海蝦可以從原本是雄蝦變成雌蝦，也可以從原來是雌蝦變成雄蝦。牠們會在脫去外殼（脫殼）時進行變性。對深海蝦來說，這樣的型態讓牠們能夠在適當的時機留下後代。

DATA基本資料

- 分類：日本囊對蝦屬
- 身長：4～5公分
- 深度：450～1500公尺
- 分布：太平洋～鄂霍次克海

深海蝦沒有被燙熟，卻全身紅通通的呢！

雌雄之間

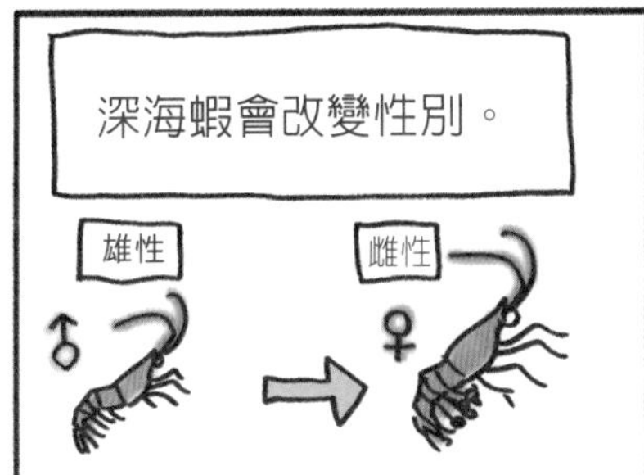
深海蝦會改變性別。
雄性
雌性

咦?!
真的假的?!

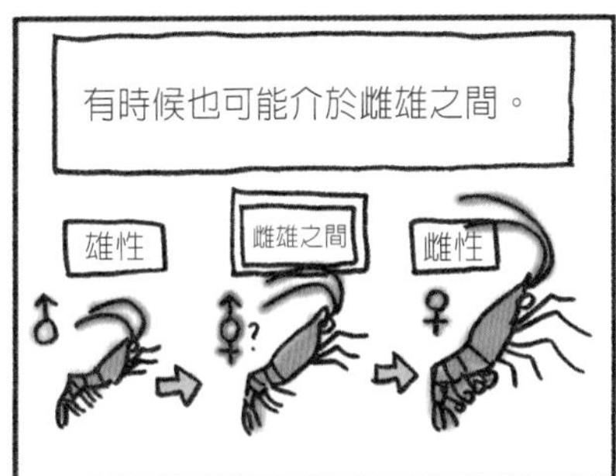
有時候也可能介於雌雄之間。
雄性
雌雄之間
雌性

啥米?!

怪怪的

深海蝦……
你好像跟平常不太一樣耶……

有嗎?
沒那回事呀~

人家以前就這樣啊~
你們好討厭喔~

呵呵呵~
肯定怪怪的!!

冷知識 深海蝦會擺動腹部的腳（腹肢）緩緩游泳。

FILE_033

大王具足蟲

深海裡的巨大鼠婦！

硬蹦蹦

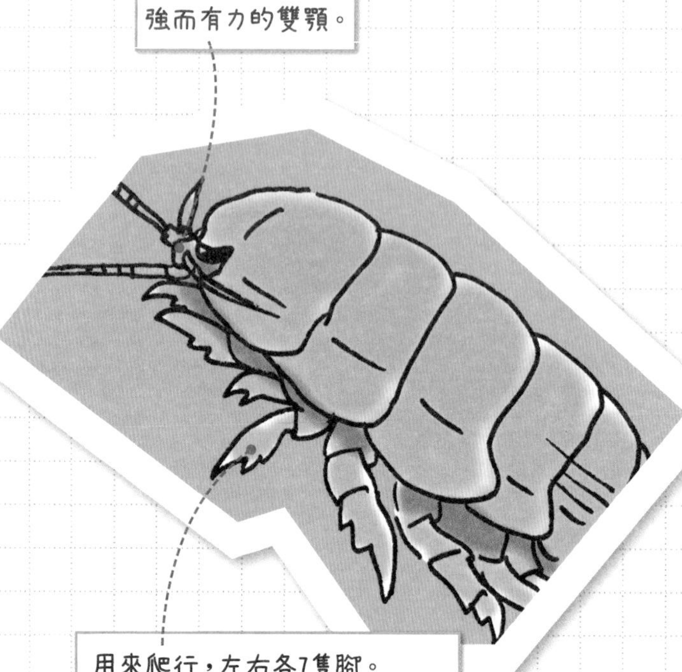
強而有力的雙顎。
用來爬行，左右各7隻腳。

專吃屍骸的深海巨大鼠婦

大王具足蟲和陸地上的鼠婦是同類。大王具足蟲不但能夠在海底緩緩地爬行，移動笨重的身軀，也能夠游泳呢。

因為大王具足蟲專吃墜落到海底的魚類或鯨魚等生物的屍骸，所以也被稱為「深海清道夫」。

聽說在遇到危機時，大王具足蟲會從嘴裡吐出臭液喔！

DATA基本資料

- 分類：漂水蝨科
- 身長：40公分
- 深度：200～2000公尺
- 分布：西大西洋

食物

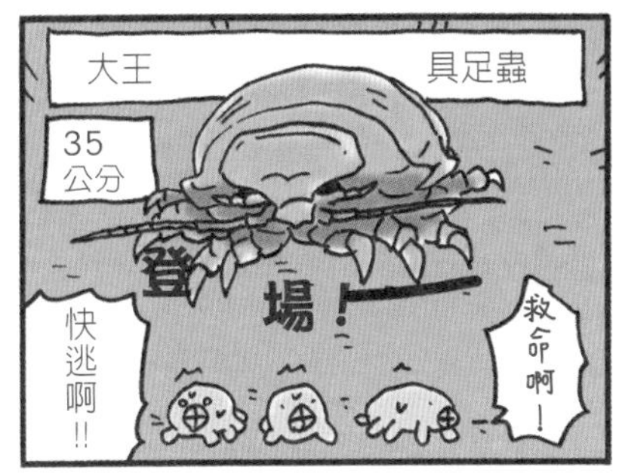
大王　具足蟲
35
公分
登場！
快逃啊!!
救命啊！

慢吞吞
慢吞吞
慢吞吞

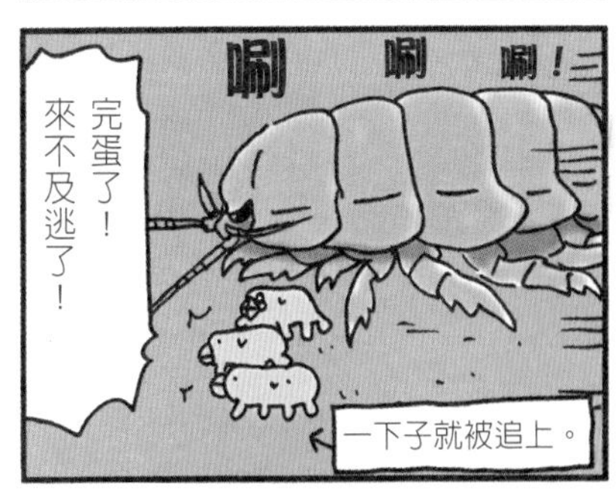
唰　唰　唰！
完蛋了！
來不及逃了！
一下子就被追上。

轉身
搞什麼，原來是活的啊！
大王具足蟲最愛吃生物的屍骸。

冷知識
根據紀錄，曾有一隻住在水族館裡的大王具足蟲持續5年沒有吃任何食物，卻還一直存活。

硬蹦蹦

FILE_034

蛾亞目

水母的小小敵人

紅色大眼睛。

附著在水母身上到處趴趴走

蛾亞目會把水母的身體當成自己的巢穴。對於像蛾亞目這樣會利用水母來生活的甲殼類生物，我們稱為「Jellyfish-rider（水母騎士）」喔。水母騎士會利用水母的身體和毒刺來保護自己不被敵人攻擊。

DATA基本資料

- 分類：蛾亞目
- 身長：約1公分
- 深度：200～350公尺
- 分布：太平洋

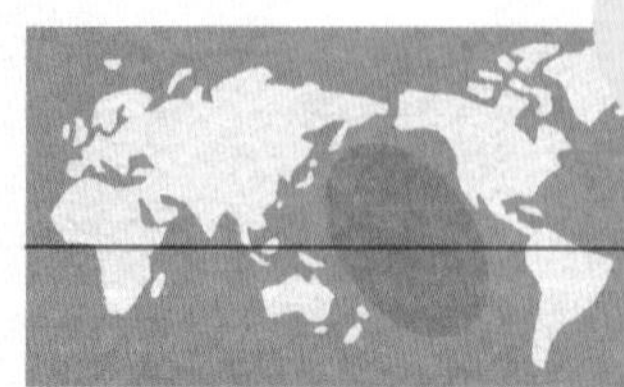

蛾亞目會附著在水母的身上生活喔！

休息的地方

欸，我可以休息一下嗎？
咦？

無所謂吧？
那是你的自由啊！

咚！

在我頭上?!

食物

多虧有你，我才能恢復疲勞！
那真是太好了！

我肚子餓了，先吃飯喔！
這樣啊～
一路慢走喔！

咬下！
水母是食物。

開什麼玩笑!!
我甩！

冷知識 䖪亞目和蝦子不屬於同類，而是隱巧戎（p.110）的近親。

深海生物的食物1

「食物雪花」飄飄落下

在深海裡，無時無刻都會有白色物體飄落下來。那些白色物體看起來就如雪花一般，所以被稱為「海洋雪（Marine snow）」。

海洋雪其實是從淺海往下沉的動物屍骸碎屑或糞便等等。而住在深海裡的生物實際上沒什麼食物可吃，對牠們來說，海洋雪是非常珍貴的養分。

「海洋雪」這個名字是日本的研究家命名的。

海洋雪

小游的食物是……
從上方飄落下來的……

海洋雪。
海洋雪耶！

咬下！
所謂的「海洋雪」，是指動物的屍骸碎屑或……

糞便。
呸！
糞便

運氣不佳

有時候真的會吃到超難吃的東西!!
倒楣死了!

啊!
不一樣的海洋雪來了!

是什麼呢…
張大嘴巴~
……
咬下!

海洋雪有時也可能是沙子或泥土。
呸!
根本不能吃嘛!

海洋雪的形成

大海裡也存在著弱肉強食的世界，也就是吃和被吃掉這樣的食物鏈關係。「食物鏈」中吃剩的食物，或是糞便、屍骸等等會往海底慢慢落下。這些就是我們說的海洋雪。

海洋雪往下落的過程中，會不停被生物捕食，然後變成顆粒更小的海洋雪。隨著往越深的深海落下，海洋雪就會變得越來越小。

〈深海專欄column〉

深海生物的食物2

小魚、蝦子、水母都是珍貴食物

除了海洋雪之外，說到深海代表性的食物，就是自己以外的其他生物了！即便在淺海或是陸地上，也是一樣的。最容易成為攻擊目標的，就是數量龐大、看起來很好入口的生物族群。以深海來說，就是小魚、蝦子和水母。

深海的敵人

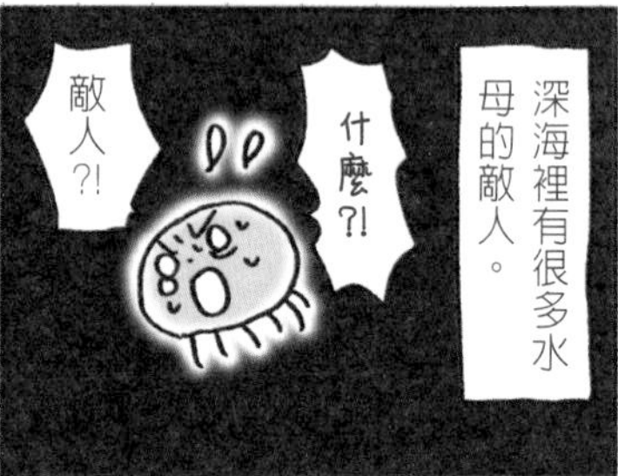

深海裡有很多水母的敵人。
什麼?!
敵人?!

深海魚
約氏黑角鮟鱇
我咬！
我咬！
救命啊!!
黑柔骨魚

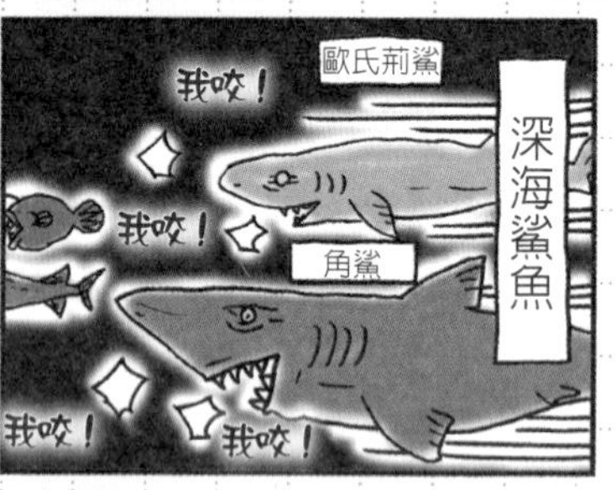

深海鯊魚
歐氏荊鯊
我咬！
我咬！
角鯊
我咬！
我咬！

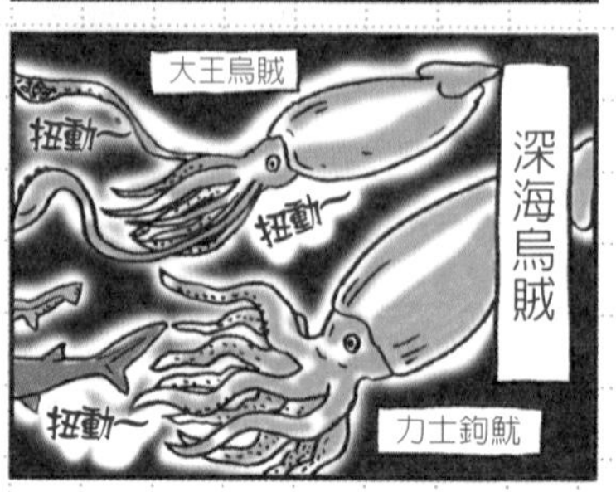

深海烏賊
大王烏賊
扭動～
扭動～
扭動～
力士鉤魷

全是敵人

喘氣
喘氣
喘氣
敵人還不只這些……

深海蝦
吃個不停
玻璃蝦
細角刺蝦
救命啊!!

深海水母
胎盤水母
我咬!
水螅水母
張大嘴巴~
救命啊!!

幾乎所有深海生物都是水母的敵人。
鯨魚
洶洶!
來勢
深受打擊!
看來水母應該是非常好吃。

養分再利用

前面提到的那些生物屍骸和糞便被吃掉後，「養分」會囤積在海底。因為海水會流動，所以養分也會被海水帶到較淺的海域。這些養分就像是肥料一樣，我們稱為「營養鹽」。營養鹽內含有「氮」、「磷」、「鉀」等元素，有助於淺海植物的生長。

〈深海專欄column〉

慢慢消化食物

飽飽飽很久

深海裡很少有機會遇到體型較大的獵物。不過，深海生物會慢慢消化食物，所以一旦有機會吃下獵物，就能夠讓肚子飽上好長一段時間。

各種食物

黑叉齒魚
魚

浮游海參
泥土

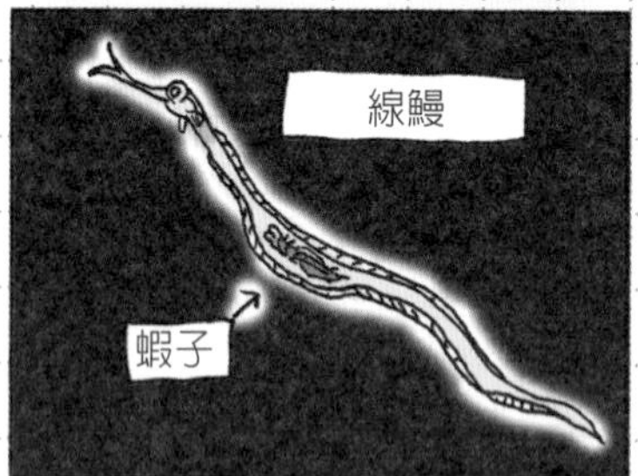
線鰻
蝦子

大家會吃各種食物呢！

全神貫注

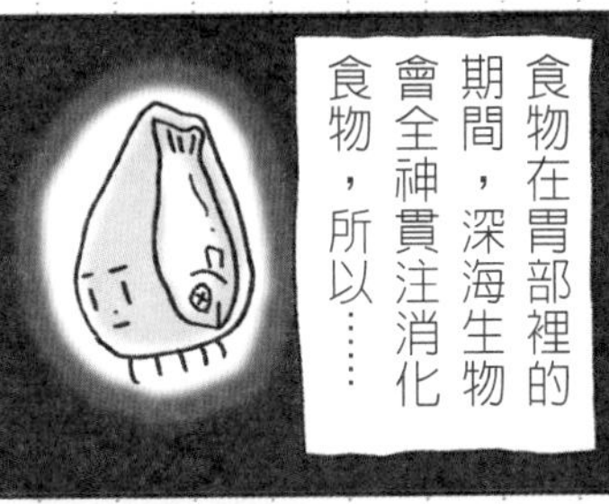

食物在胃部裡的期間，深海生物會全神貫注消化食物，所以……

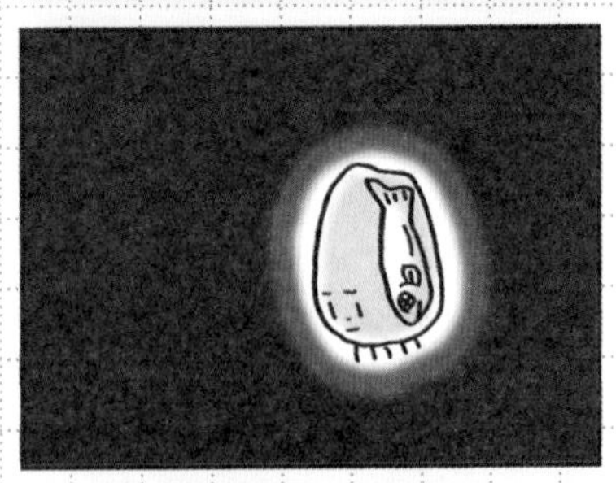

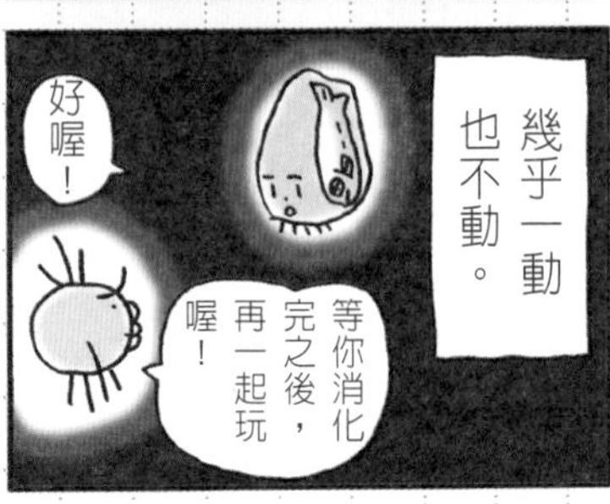

幾乎一動也不動。
好喔！
等你消化完之後，再一起玩喔！

消化完畢後 精力充沛

深海生物為了消化大型食物，相對地也必須耗費許多能量。因此，在吃下食物後，深海生物會盡可能保持不動，讓體力消耗在消化食物上。

等到消化完畢後，身體就能夠吸收充足的養分。這麼一來，就能夠保持精力充沛好長一段時間。

PUNIPUNI
深海
軟QQ的
生物
4
章
呀吼～
p.170
深海裡
有舞者居住?!

一起來探索深海生物的奧妙！

p.138

體型巨大
就是強者！

p.132

金屬不是只屬於
人類的東西！

目光犀利

p.160

深海捉迷藏大賽
的冠軍？!

〈深海專欄column〉

深海生物的休息時間

浮在水中最輕鬆

在陸地上生活的生物疲累時，通常都會躺下來或坐下來休息。不過，深海生物就沒辦法像我們這樣了。因此對很多深海生物來說，浮在水中的狀態是最輕鬆的姿勢。

在沒什麼食物的深海裡，保持浮在水中的狀態等待食物上門，才能夠降低能量的消耗。

休息方式

好累喔～
要跟平常一樣
休息一下嗎？
是該休
息了。
是啊。

這就是深海
生物的「休
息方式」。

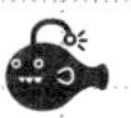

很多深海生物身體構造都是海水體。
幾乎都是海水。

方便休息的身體構造

身體密度和四周的海水相近時，就能夠輕鬆地浮在水中。深海生物當中，有些生物的體內含有大量海水，有些則是擁有含有脂肪的魚鰾。

多數深海生物會在演化過程中，捨棄笨重的部位。
好比說，鱗片或硬骨等部位。
我丟！
我丟！

為了浮在水中而捨棄

除了魚鰾之外，近乎海水的身體構造，為了容易浮在水中，有生物會捨棄笨重部位（鱗片或硬骨等等）。

鱗角腹足蝸牛

外殼加上鱗片的百分百防禦

軟QQ

鐵質的鱗片。
軟QQ的身體。

保護腹足的鐵質鱗片

鱗角腹足蝸牛是一種足部長有鱗片的罕見螺類。不僅如此，鱗角腹足蝸牛的鱗片還是由鐵質所構成，所以十分堅硬。

多虧鐵質鱗片，鱗角腹足蝸牛能夠在受到敵人攻擊時保護自己。

當中也有外殼和鱗片偏白色的鱗角腹足蝸牛。

DATA基本資料

- 分類：鱗角腹足蝸牛種
- 殼高：2～5公分
- 深度：2500公尺
- 分布：印度洋（噴出熱泉的海域）

鐵做成的鱗片?!
好希望水母也有
那樣的鱗片喔～

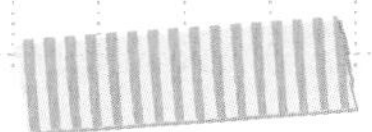

鐵的特性

鱗角腹足蝸牛
4公分

擁有堅硬的鱗片。
呵呵！♪
鐵質構成的鱗片。

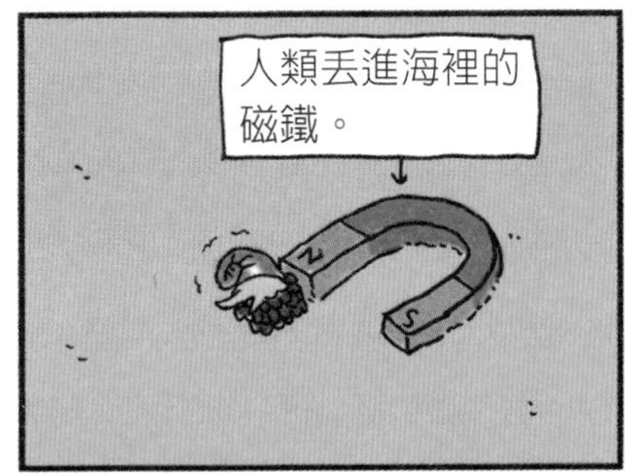
人類丟進海裡的磁鐵。

快來人啊！—
慢吞吞
慢吞吞
慢吞吞

冷知識 鱗角腹足蝸牛的英文名字叫作Scaly foot，意思就是「有鱗的腳」。

軟 Q Q

FILE_036

銀帶耳烏賊

吐出的墨汁會發光！

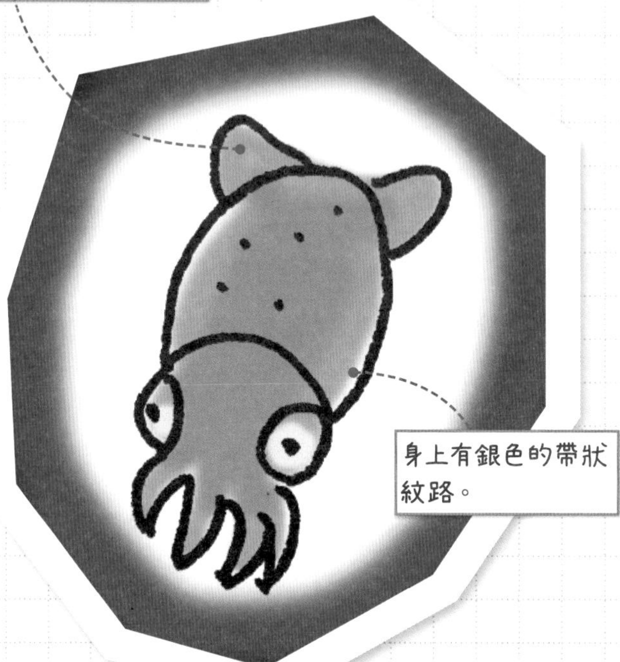
幫助游泳的鰭。
身上有銀色的帶狀紋路。

護身的發光分身術

銀帶耳烏賊會把平時吃下肚的發光蝦子等生物的發光成分，囤積在體內形成發光液。當牠們受到敵人攻擊時，就會連同墨汁一起吐出發光液喔。

就像是為自己做一個發光的替身，然後趁著敵人被引開注意力時逃跑。

DATA基本資料

- 分類：耳烏賊科
- 身長：3～4公分
- 深度：150～200公尺
- 分布：太平洋的溫暖海域

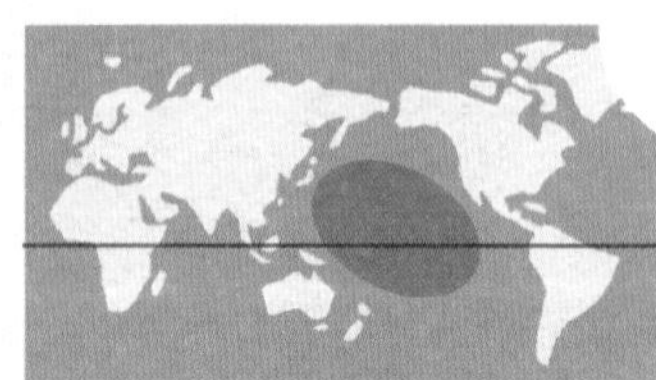

小巧可愛的烏賊喔！

分身術

要什麼時候使用這招呢？
啊！敵人出現！

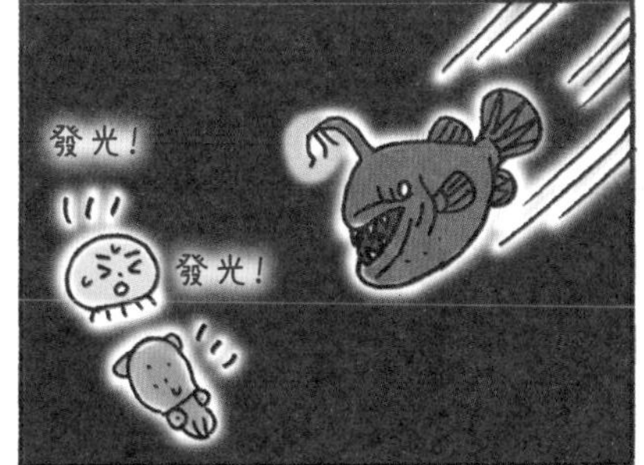
發光！
發光！

找到了!!

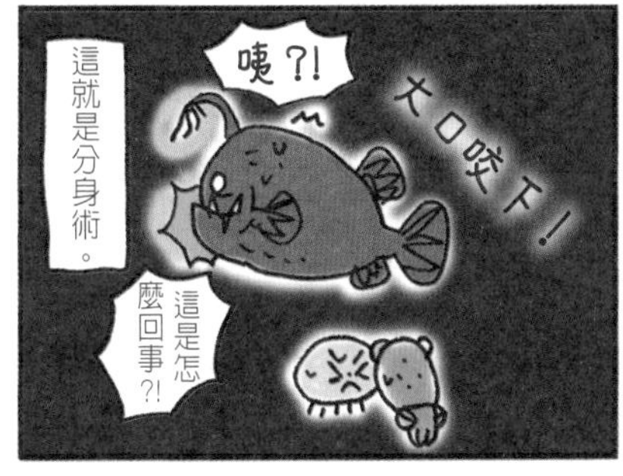
咦?!
大口咬下！
這就是分身術。
這是怎麼回事?!

替身

連同墨汁……
預備……起！

噗咻！

發光～

一起吐出發光液。
好神奇 !!

冷知識 在淺海棲息的烏賊會利用墨汁噴出替身。

軟QQ

FILE_037

夏威夷耳烏賊

使出光球招數讓敵人雙眼昏花

形狀如耳朵般大的鰭。
以身體比例來說，
相當大的一雙眼睛。

發光使倆蒙騙敵人

敵人來襲時，夏威夷耳烏賊不是吐出黑色墨汁，而是吐出「發光墨汁」喔。

夏威夷耳烏賊的身體也有發光器，牠們會使出反向照光（p.104）的招數來蒙騙敵人的眼睛。

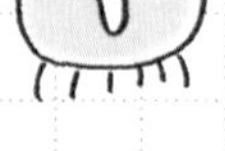

DATA基本資料

- 分類：耳烏賊科
- 全長：2～3公分
- 深度：750～1150公尺
- 分布：全世界的溫暖海域

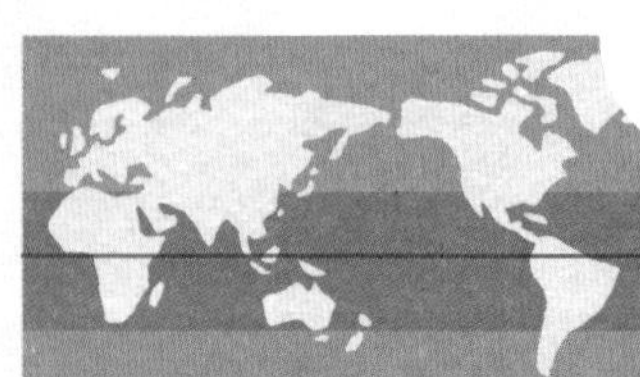

夏威夷耳烏賊是一種會在靠近海底處游泳的可愛烏賊喔！

4 軟QQ的深海生物

厲害傢伙

小游！你快來一下！
啊！是小光！
…

你看～
牠是誰？
牠是夏威夷耳烏賊。
咦？

你仔細看喔！
麻煩出招！
輕吐！

哇！好厲害喔！
對吧！
吐出會發光的墨汁。
發光～

冷知識 烏賊吐出的墨汁會集中在一起形成替身，章魚吐出的墨汁則是會在水中擴散開來，進而遮擋敵人的視線。

軟QQ

FILE_038

大王烏賊

身藏深海的巨無霸獵人

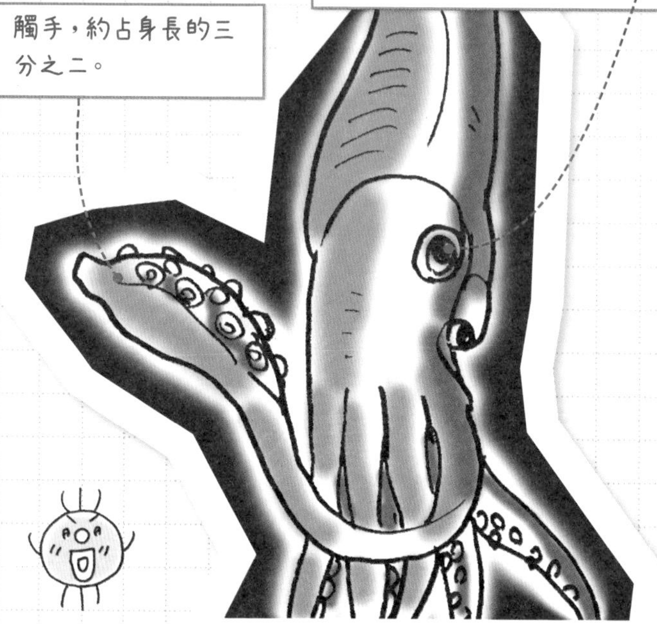

像足球一樣大的巨大眼睛，據說是眼睛最大的生物。
觸手，約占身長的三分之二。

成長速度驚人的巨大烏賊

說到烏賊，大家都知道牠們的成長速度一向很快。而大王烏賊的身長有時甚至長達17公尺。大王烏賊最愛吃其他烏賊類和魚類，牠們是利用長長的觸手，接二連三地捕捉食物的獵人。

大家的生活周遭應該沒有看過這麼大隻的生物吧？

DATA基本資料

- 分類：大王魷科
- 胴體長：7公尺
- 深度：200～1000公尺
- 分布：全世界所有海洋

救命啊!!

小游和小光在水裡
漂浮著，這時……
小光
小游

救命啊!!

救命啊！

有困難!!
心驚
膽跳

救命啊!! 續篇

過了一年半後……
我咬！
救命啊！
我咬！

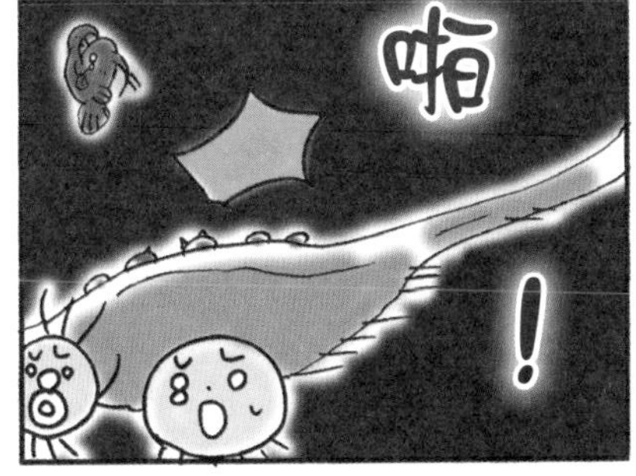
啪
！

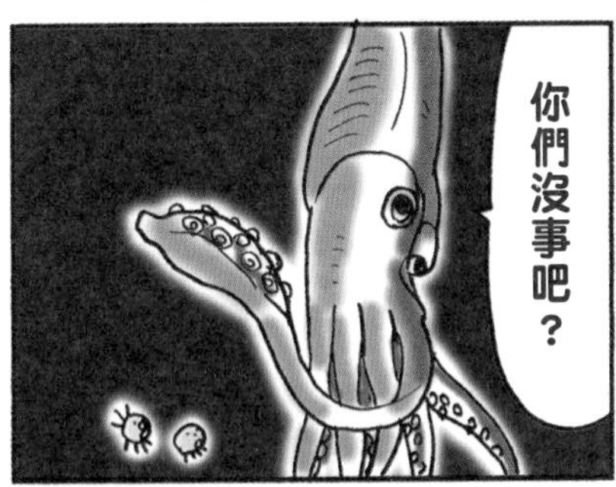
你們沒事吧？

嗚哇！
救命啊！
又丟下我跑走了！
只要一年半的時間，大王烏賊的體型就會變得非常巨大。

冷知識　有時在日本近海也有機會發現大王烏賊的蹤影，不過聽說吃起來不怎麼美味……。

FILE_039

軟QQ

長得像水母卻不是水母

❶ 水母蛸

❷ 相模帆烏賊

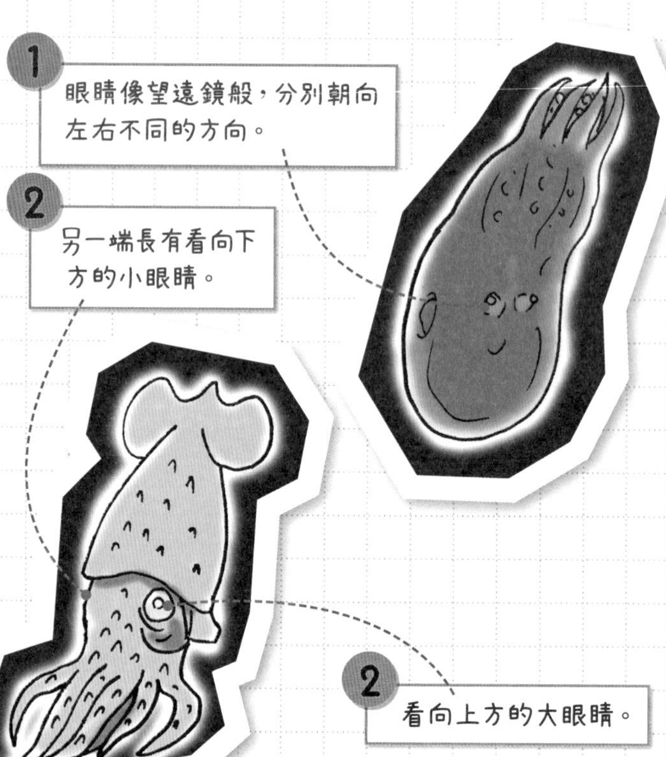

❶ 眼睛像望遠鏡般，分別朝向左右不同的方向。
❷ 另一端長有看向下方的小眼睛。
❷ 看向上方的大眼睛。

透明的身體和奇妙的眼睛

水母蛸擁有透明的身體，但當牠們感受到危險時，就會變成在深海裡不醒目的紅色和橘色喔。

相模帆烏賊總是傾斜著身體。牠們身體兩側的眼睛分別朝向上方和下方，所以能夠同時看見上下兩方。

DATA基本資料

- 分類：❶水母蛸科
  ❷帆烏賊科
- 全長：❶❷20公分
- 深度：❶500～1000公尺
  ❷200～1200公尺
- 分布：❶❷全世界的溫暖海域

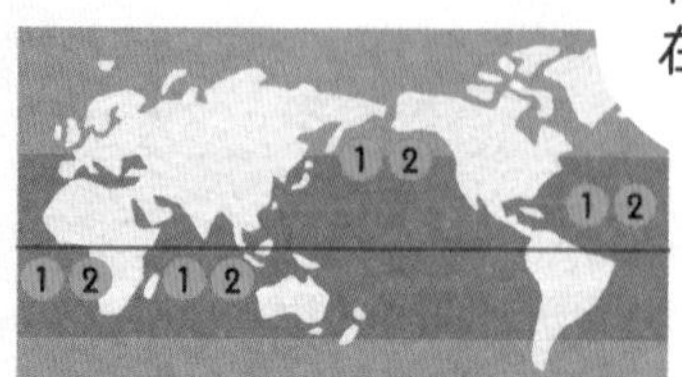

1 2
1 2
1 2
1 2

和水母一樣，會保持在水中漂浮的姿勢喔！

4 軟QQ的深海生物

水母？

水母……？

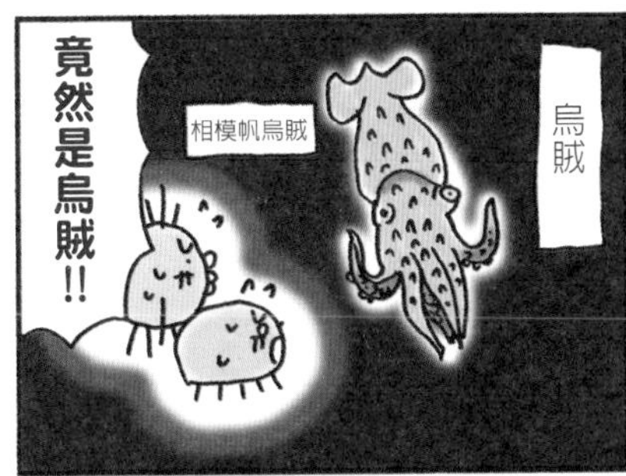

烏賊
相模帆烏賊
竟然是烏賊!!

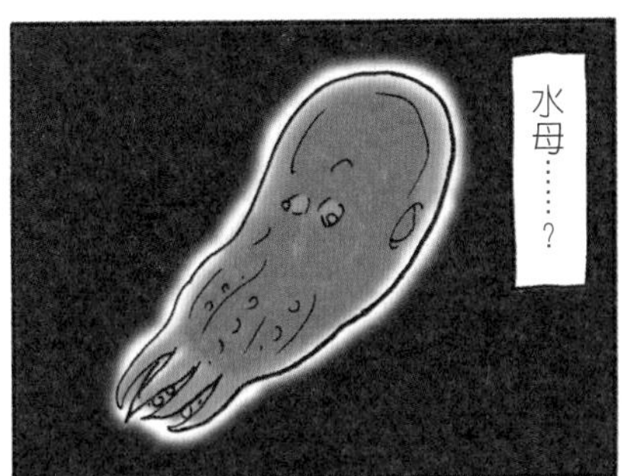

水母……？

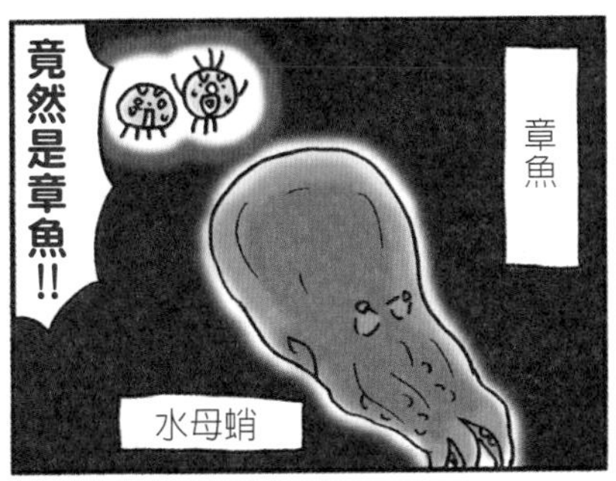

章魚
竟然是章魚!!
水母蛸

冷知識 章魚和烏賊是軟體動物，也都屬於貝類唷。

軟QQ

FILE_040

長臂烏賊

有「長手肘」的手臂

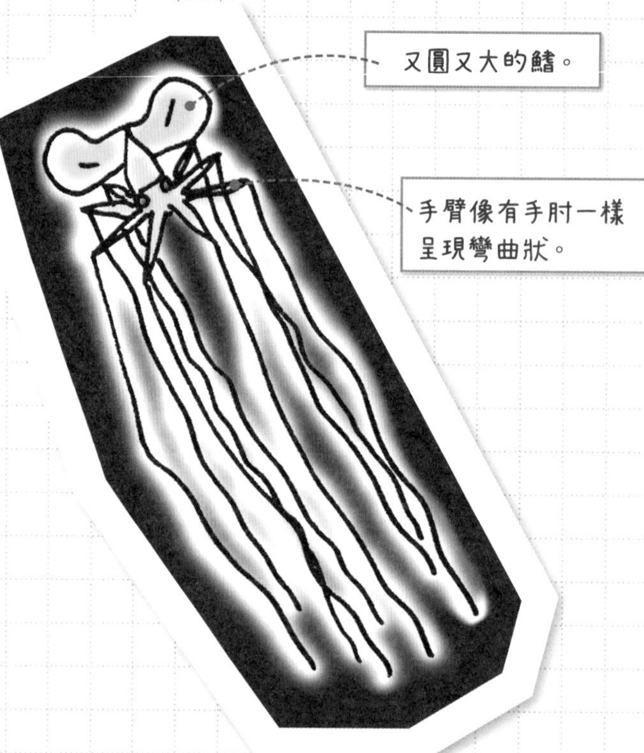
又圓又大的鰭。
手臂像有手肘一樣
呈現彎曲狀。

小小的身體超長的手臂

長臂烏賊的手臂足足有身體10倍以上的長度，並且延伸到某處後呈現彎曲狀。

人們曾經採集到年紀還輕的長臂烏賊個體進行過研究，但對於長臂烏賊的細長手臂上的吸盤構造、有多強的力道等等，目前仍有許多不明之處。

DATA基本資料

- 分類：長臂烏賊屬
- 胴體長：6公分
- 觸手長：3～7公尺
- 深度：2000～5000公尺
- 分布：太平洋、大西洋、印度洋

長臂烏賊的手臂前端非常非常細喔！

為什麼呢？

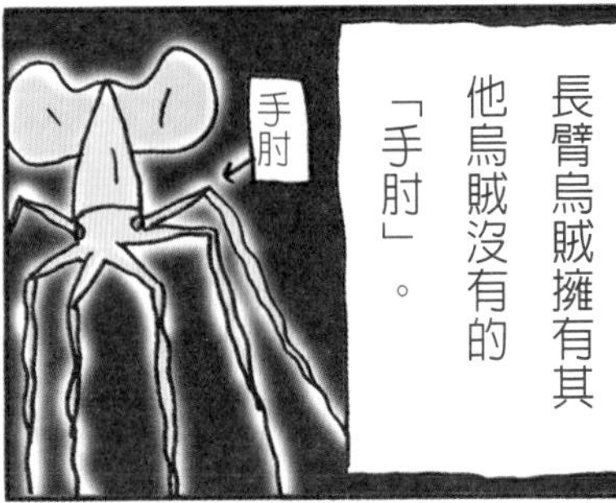
長臂烏賊擁有其他烏賊沒有的「手肘」。
手肘

手肘？

烏賊和章魚都能夠自由彎曲手臂啊，
何必還要有手肘呢？

不知道。
你自己也不知道?!

原因

你一點頭緒都沒有嗎？

頭緒啊……？

啊！搞不好是因為……
要避免手臂纏在一起？

你的手臂會纏在一起喔？

冷知識 人們曾發現有大大的鰭、短手臂的烏賊，據推測有可能是幼小的長臂烏賊。

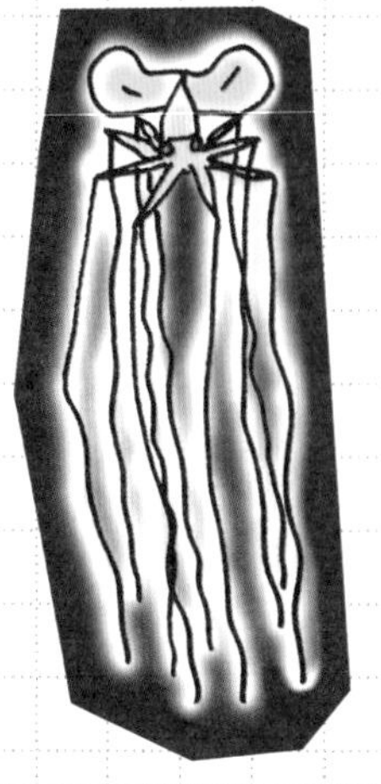

糾結

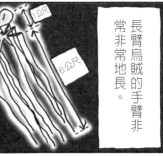

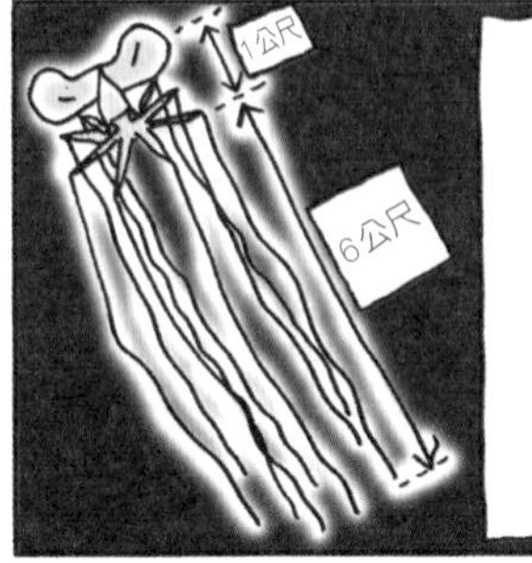

長臂烏賊的手臂非常非常地長。
1公尺
6公尺

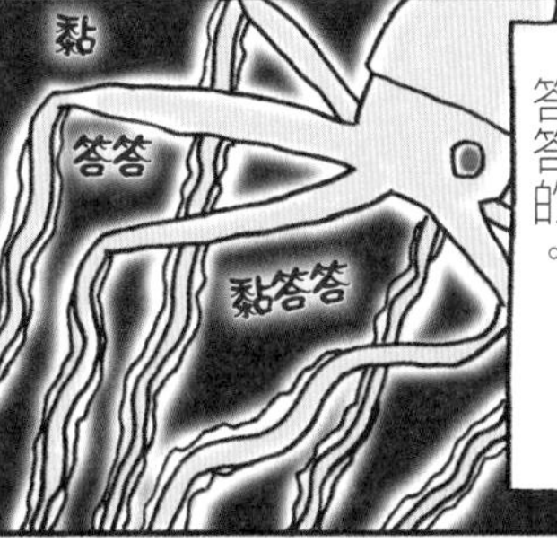

不僅很長，還黏答答的。
黏
答答
黏答答

所以，如果沒有手肘的話……
游動～

怎麼辦？
解不開耶～
纏結在一起
原來如此！
有可能會纏在一起。

黏住海底的獵物

長臂烏賊總會在靠近海底的地方游來游去。

一旦發現從正下方經過的獵物，長臂烏賊就會用長手臂黏住獵物。長臂烏賊的日文名稱為「水引縄結烏賊」，因為牠們的手臂很像婚喪紅白包上綁的裝飾繩帶。

ちょこっと
深海小報

NO.6

深海的搏鬥

抹香鯨與大王烏賊

抹香鯨是一種體型會成長到20公尺長的鯨魚。大王烏賊（p.138）加上觸手的長度，可長達17公尺。據說，這兩種巨大生物會在深海裡大打出手。曾經在被打撈上岸的抹香鯨身體上，發現無數個像是被大王烏賊的吸盤吸過的圓形傷痕，胃裡也找到許多大王烏賊的喙狀嘴。相信在一片漆黑的深海裡，肯定一直默默上演著抹香鯨和大王烏賊這般賭上性命的搏鬥。

大王烏賊的觸手功能像手一樣，而且長達12公尺。推測大王烏賊應該會利用長長的觸手纏住抹香鯨與其奮戰。

軟QQ

FILE_041

歐文烏賊

受到刺激就會滿臉通紅

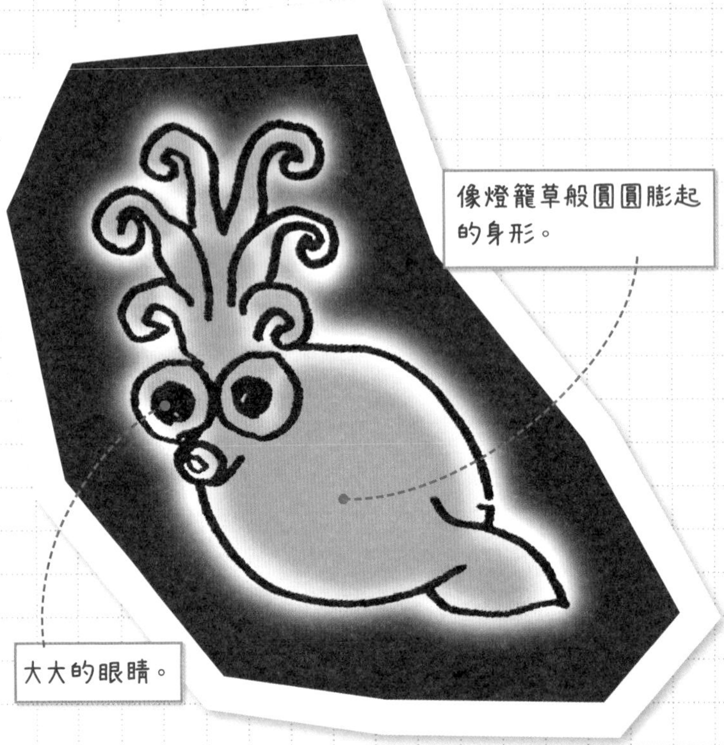

像燈籠草般圓圓膨起的身形。
大大的眼睛。

很可愛的肉食性生物

歐文烏賊是一種體型嬌小又可愛的烏賊，但和其他烏賊一樣也屬於肉食性生物。

歐文烏賊的大眼睛四周有發光器，所以會一閃一閃地發著光。

平常時候，歐文烏賊的身體是透明的，但在感受到危險或刺激時，就會變得紅通通。

DATA基本資料

- 分類：紡錘烏賊的同類
- 全長：15公分
- 深度：600～1200公尺
- 分布：太平洋西部

歐文烏賊的大眼睛圓滾滾的，好可愛喔！

圓膨膨的身體

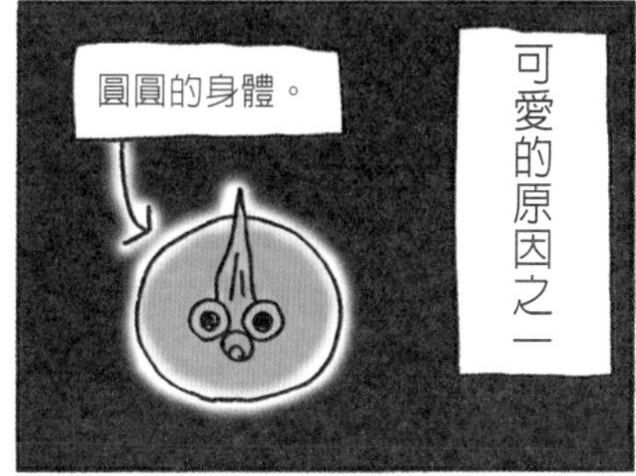
可愛的原因之一
圓圓的身體。

為了能夠浮在海中，歐文烏賊的體內
有滿滿的氯化銨，密度可幫助產生浮力。
圓膨膨！

圓膨膨的耶！
嚇一跳！

受到刺激就會變得紅通通。
臉紅～
好可愛喔！

原因

可愛的原因之二
歐文烏賊會把腳抬得高高的。

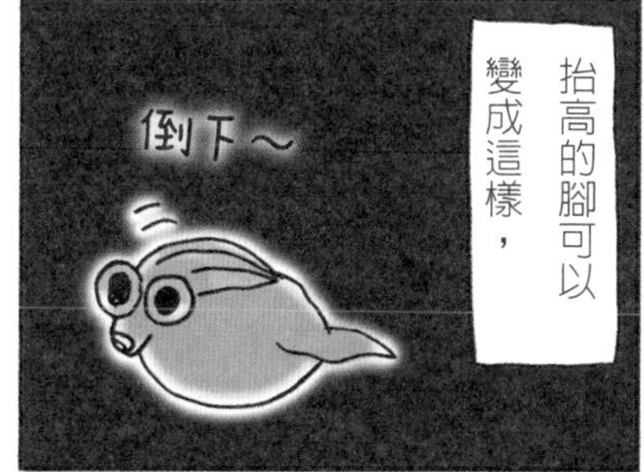
抬高的腳可以變成這樣，
倒下～

也可以變成這樣。
捲起～

越看越可愛耶！

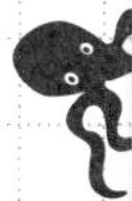

冷知識
與紡錘烏賊同類的烏賊多數都擁有透明的身體，英文名字也因此被取名為Glass squid（玻璃烏賊）。

真面目

歐文烏賊真的是非常可愛。不過呢，
迅速游來～

牠們其實是肉食性生物。
抓住！

我咬！
歐文烏賊最愛吃魚類。

咀嚼
咀嚼
好像在吃什麼耶！好可愛喔～

一邊漂浮，一邊尋找獵物

歐文烏賊的體內充滿含有「氯化銨」的體液。因為氯化銨比海水更輕，所以歐文烏賊能夠一直浮在水中。因為這樣，歐文烏賊才能夠以輕鬆的姿勢一邊漂浮，一邊尋找獵物。

迷你深海圖鑑

很像水母卻不是水母的生物

翼管螺的嘴巴像大象的鼻子一樣長長的，並且有像水母一樣透明的身體，能夠在水中輕飄飄地漂浮。不過，翼管螺其實屬於貝類的一種，只是牠們沒有外殼，所以身體裸露在外。

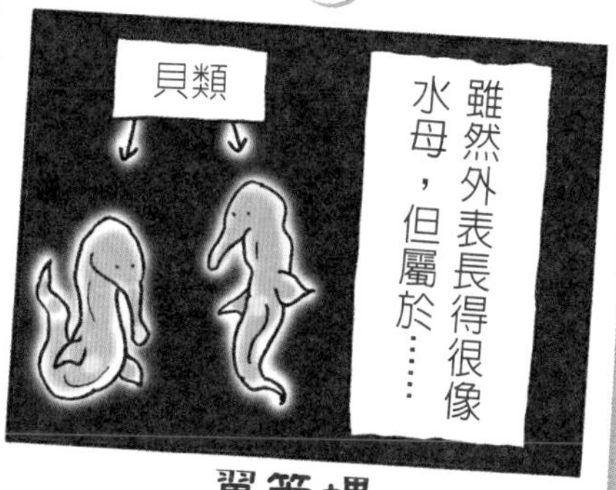
雖然外表長得很像水母，但屬於……
貝類

翼管螺

■全長：15公分

■深度：200～800公尺

水試盧氏蛸是…？
章魚
心頭一驚
咦?!

水試盧氏蛸

■胴體長：18.5公分

■深度：700～800公尺

水試盧氏蛸其實屬於章魚的一種。牠們看起來像擁有水母的觸手，但那些是總共8隻的手臂。水試盧氏蛸會擺動鰭，游泳姿勢宛如擺動著翅膀飛行。

I ❤ DEEP-SEA FISHES

軟QQ

FILE_042

吸血鬼魷魚（又名幽靈蛸）

遇到敵人就會上下反轉身體

明明是章魚，卻有10隻觸腳。

利用尖刺護身的海中吸血鬼

感受到危險時，吸血鬼魷魚會上下反轉把身體包起來，再利用觸腳背面上的尖刺來保護自己。

海洋雪是吸血鬼魷魚的主要食物喔。

DATA基本資料

- 分類：幽靈蛸科
- 身長：15～30公分
- 深度：400～1000公尺
- 分布：全世界的溫暖海域

雖然擁有可怕的外表和名字，但最愛吃的食物是海洋雪喔！

帥氣十足

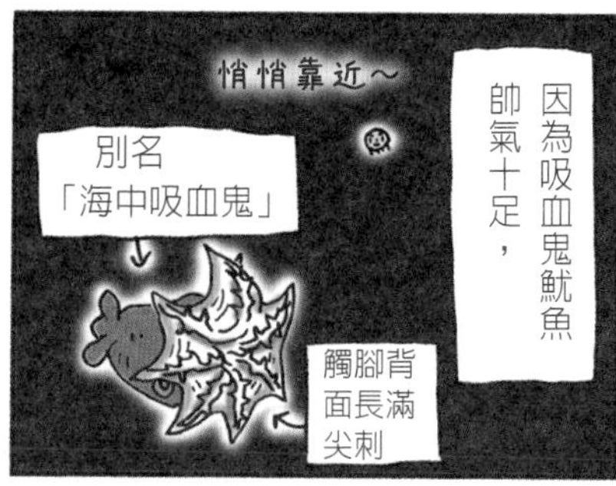
因為吸血鬼魷魚帥氣十足，
悄悄靠近～
別名「海中吸血鬼」
觸腳背面長滿尖刺

所以小游挑戰抓住吸血鬼魷魚。
好！準備出動!!
悄悄靠近～

嗯?!

氧氣極小層
撤退！
撤退！
撤退！

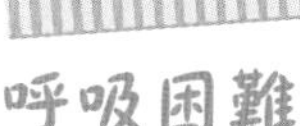

呼吸困難

吸～
喘氣
喘氣
喘氣

吸血鬼魷魚住在氧氣極少的氧氣極小層（p.10）。
我還以為要沒命了！
喘氣
喘

可是，好想抓到吸血鬼魷魚喔～
怎麼辦……

我憋氣！
加油!!

冷知識 吸血鬼魷魚的英文名字叫作Vampire squid（吸血鬼烏賊），但牠們其實不會吸血。

長得像耳朵的鰭。
8隻觸腳。

軟QQ

FILE_043

扁面蛸

擁有UFO外形的深海偶像！

像UFO一樣悠游深海

在海底時，扁面蛸的外形長得就像UFO一樣。在游泳時，牠們會利用觸腳和觸腳之間的薄膜讓身體上升，如水母般輕飄飄地在水中游泳。扁面蛸的身體十分柔軟，被撈上陸地時，身體就會垮成扁扁一片。

DATA基本資料

- 分類：面蛸科
- 身長：直徑20公分
- 深度：200～1000公尺
- 分布：日本近海

扁面蛸是大家公認的可愛生物，跟偶像一樣深受歡迎喔！

千鈞一髮

這位是……

慘了！逃不了了!!

等一下！這是扁面蛸?!

迅速游開～
怎麼會這樣?!

奇妙生物

深海的人氣偶像
扁面蛸

扁面蛸有哪些奇妙之處呢？

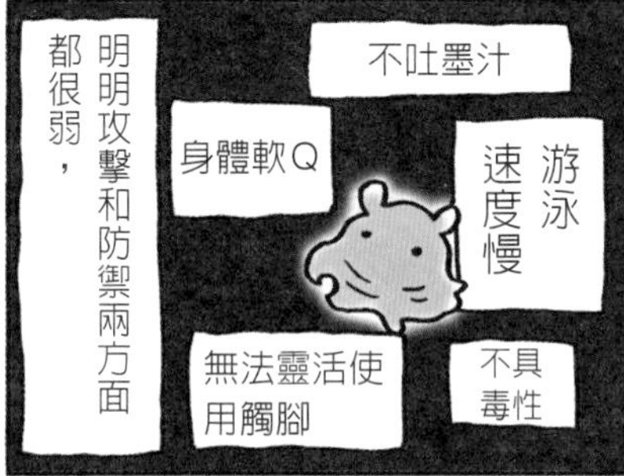

不吐墨汁
游泳速度慢
身體軟Q
不具毒性
無法靈活使用觸腳
明明攻擊和防禦兩方面都很弱，

為什麼扁面蛸卻能夠存活下來呢？
太奇妙了！
太奇妙了！

冷知識 扁面蛸的身體柔軟到必須用做菜的大勺子舀起來，否則一下子就會破損。

明明是章魚卻不好吃？

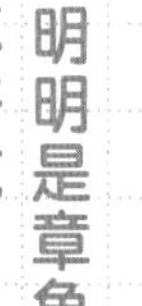

扁面蛸不但不會吐墨汁，游泳也游不快。牠們大多會靜靜地待在海底。

明明如此，扁面蛸卻沒有被吃光光，還一直存活著，看來是因為牠們實在太難吃了吧。

挑戰

為什麼……
扁面蛸不能吃呢？

怎麼會這樣呢？
怎麼會這樣呢？

悄悄靠近～
輕咬一口
輕咬一口

噁～
因為據說扁面蛸很難吃。

迷你深海圖鑑

其他可愛的深海生物

阿部單棘躄魚有一雙圓滾滾的大眼睛，十分可愛呢。牠們的下顎看起來像是長有鬍鬚，但其實是拉長的皮膚。阿部單棘躄魚有一根短短的誘餌，可以完全縮進嘴巴上方的凹洞裡。

阿部單棘躄魚

■身長：30公分

■深度：90～500公尺

菸灰蛸

■全長：10～100公分

■深度：500～2000公尺

菸灰蛸和有深海偶像之稱的扁面蛸同樣有著高人氣，牠們會擺動長得像耳朵的鰭，游泳的姿勢像擺動著翅膀飛行。菸灰蛸會張開觸腕腳和觸腳之間的薄膜，來捕捉獵物。

I ♥ DEEP-SEA FISHES

軟QQ

FILE_044

異夫蛸

雌性體型巨大、雄性只有7隻腳的章魚?!

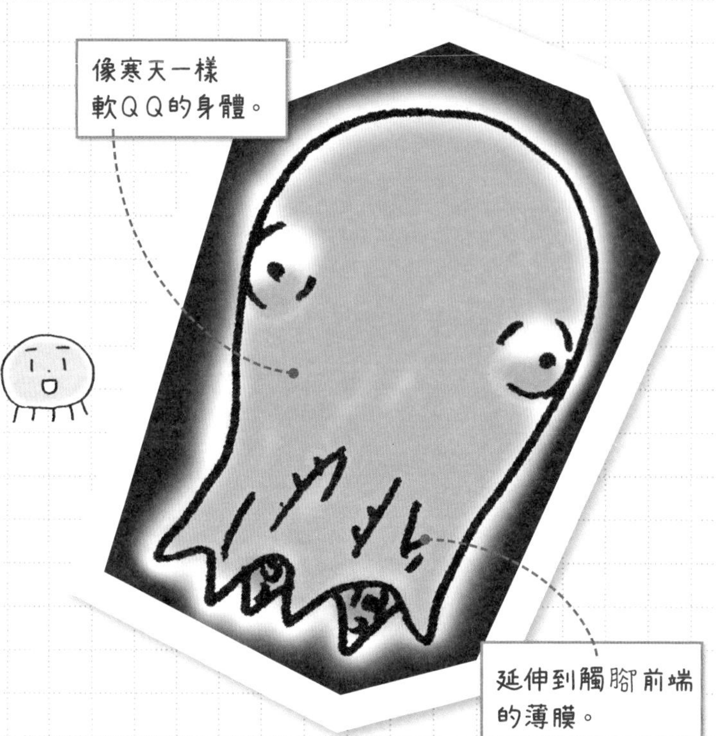
像寒天一樣
軟QQ的身體。
延伸到觸腳前端
的薄膜。

賭上性命的交配

雄性異夫蛸的觸腕（腳）當中，有一隻是用於交尾的觸腕。雄章魚平常會讓這隻觸腕縮在體內，不會用來捕捉獵物或伸出來擺動。

人們發現過異夫蛸試圖捕食水母，對章魚來說，這是十分罕見的事情。

雌性的體型有的可以大到4公尺呢！

DATA基本資料

- 分類：異夫蛸屬
- 全長：30公分（雄性）
  2公尺（雌性）
- 深度：200～400公尺
- 分布：太平洋、印度洋、大西洋

第8隻呢？

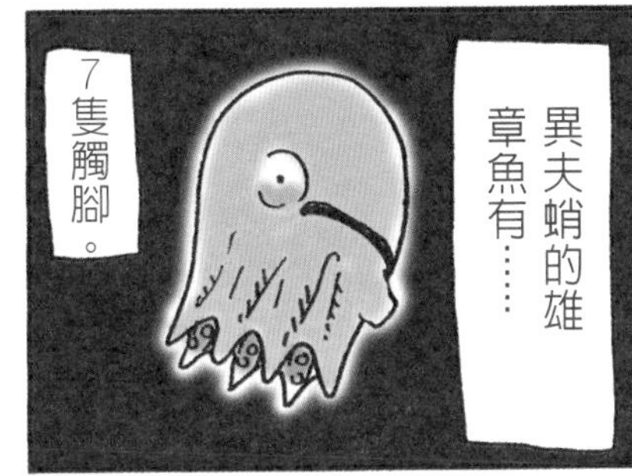
異夫蛸的雄章魚有……
7隻觸腳。

明明是章魚，卻只有7隻?!
呵呵呵

其實是有8隻的！
咦?!

你們看！
哇啊！

職責

交接腕
縮起
交接腕的職責是負責把裝了精子的囊袋遞給雌章魚，平時都是縮在體內。
縮起

是喔～

不僅如此，當我們把精子囊袋交給雌章魚後，就會……
就會怎樣?!

死掉。
什麼！真的假的?!

冷知識 異夫蛸的雌章魚會抱著章魚卵，一直保護到章魚寶寶孵出來呢。

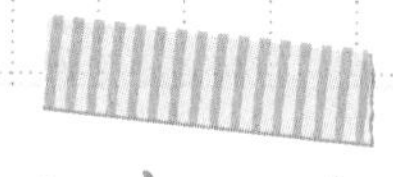

Let's go！

啊！
雌章魚出現了！
擺動～
數公尺長
30公分
驚嚇！
超大一隻！

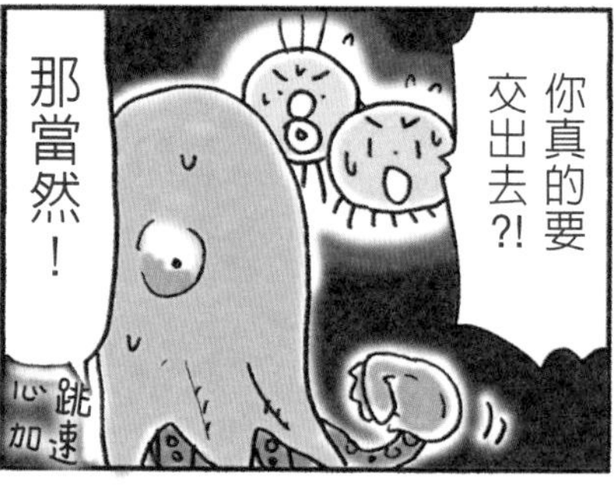
你真的要交出去?!
那當然！
心跳加速

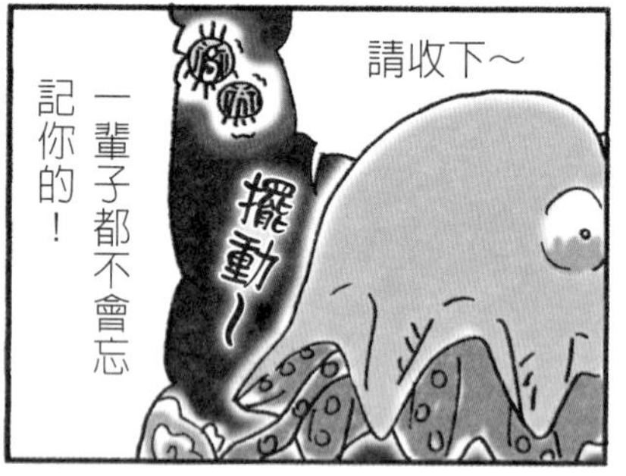
請收下～
一輩子都不會忘記你的！
擺動～

哼！
啪
好可怕啊～
壽命延長了。

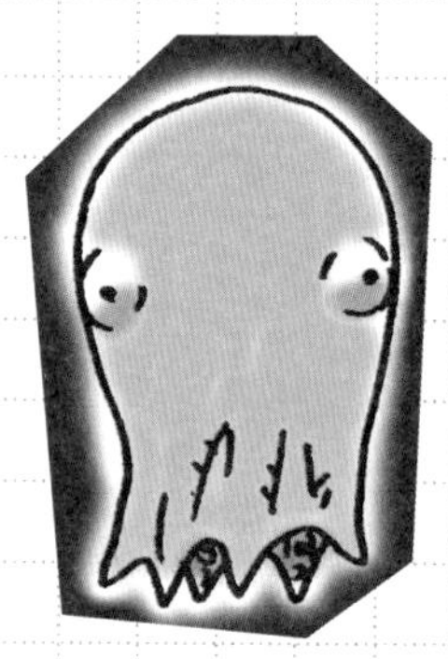

雌章魚也會死掉

雖然異夫蛸的雄章魚在交配後就會死掉，但其實雌章魚在保護章魚卵直到章魚寶寶孵化出來後，也會死掉。這樣的生存模式並非只有在異夫蛸的身上才看得到。留下後代是一件重大的任務，所以許多生物會為了傳宗接代，而耗盡精力死去。

迷你深海圖鑑

看不見東西的深海生物

盲鼬魚的眼睛被包覆在皮膚內側，所以看不見東西。取而代之的，是盲鼬魚的觸覺發達，能夠靠著皮膚感受水流的變化。

眼睛被皮膚覆蓋住。

盲鼬魚

■身長：14公分

■深度：300～1500公尺

眼睛被皮膚包覆

鬚蛸

■胴體長：4公分

■深度：5000公尺為止

鬚蛸的眼睛被包覆在皮膚底下，牠們會擺動觸腳上的細毛（觸毛）來感受四周的動靜。

I ♥ DEEP-SEA FISHES

軟QQ

FILE_045

玻璃章魚

透明到看不見！

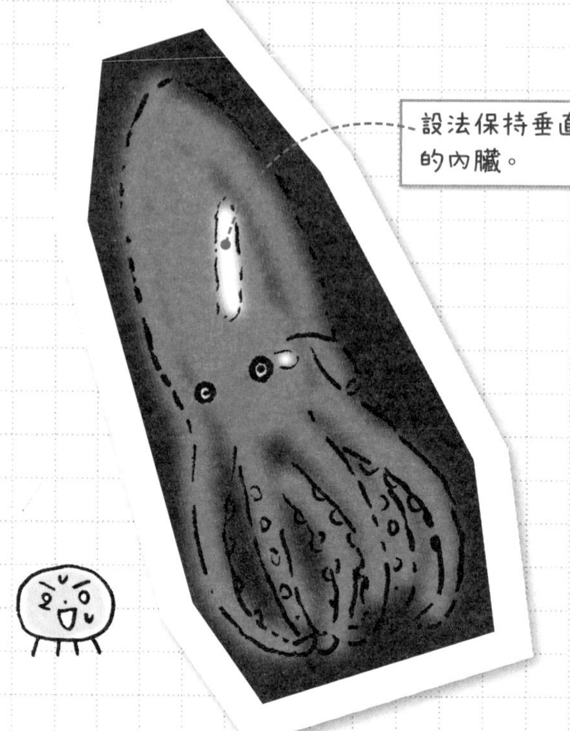
設法保持垂直的內臟。

浮在水中的身體幾近透明

玻璃章魚總是傾身浮在水中，看著海面，也看著海底。牠們的身體只有眼睛和一部分的內臟有顏色。因為內臟天生就長得斜斜的，所以玻璃章魚只要保持傾斜的姿勢，內臟就會變得垂直。這麼一來，內臟就不容易有陰影呢。

DATA基本資料

- 分類：玻璃蛸科
- 胴體長：約4公分
- 深度：100～1000公尺
- 分布：全世界的溫暖海域

玻璃章魚總是漂浮在一片漆黑的深海裡喔！

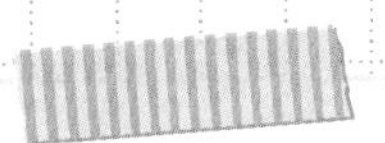
到底是誰？

好痛喔～
犀利目光
哇呀!!

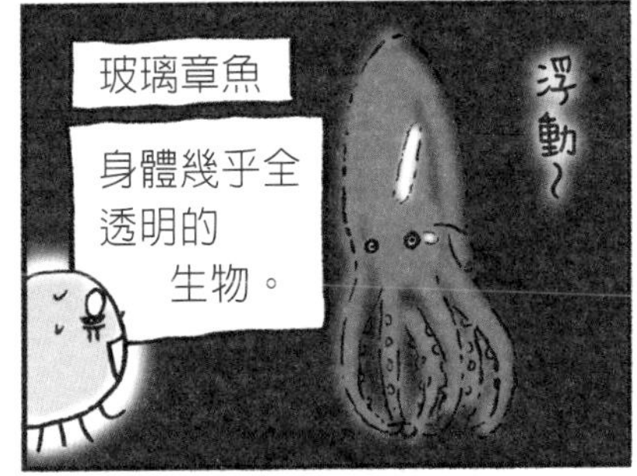
浮動～
玻璃章魚
身體幾乎全透明的生物。

下次小心一點喔！
好……好強喔！

我還在喔！
別靠過來!!

透明

說到小游……
透明
牠的身體透明得不容易被發現。

呵！
很難發現我的存在吧！

咚！

東張西望
咦?!

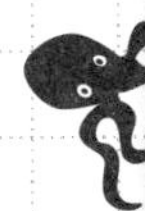

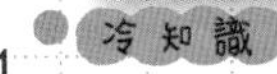
冷知識

因為玻璃章魚就像玻璃一樣完全透明，所以在日本取名為「透明章魚」。

軟QQ

FILE_046

大嘴海鞘*

海底裡的大嘴巴

*尚無正式中文學名／俗名。

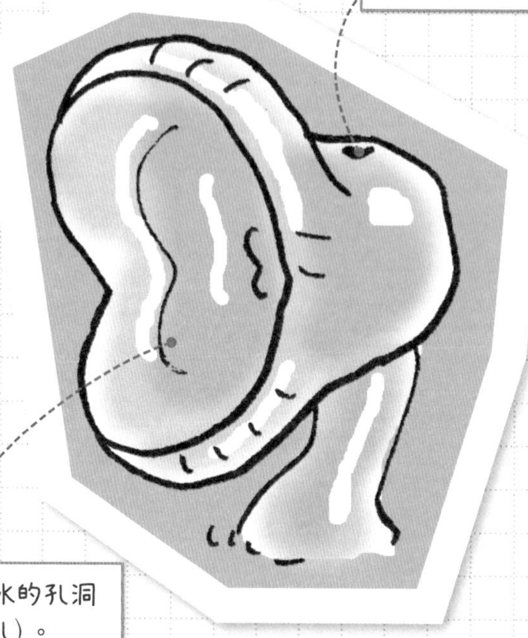
排出海水的孔洞。
吸入海水的孔洞（入水孔）。

張大嘴一口吞下一大把浮游生物

大嘴海鞘看起來像一張大嘴巴，會利用孔洞（入水孔）吸入海水，再從頭上排出海水。這樣可以過濾出水中的浮游生物，好讓大嘴海鞘飽餐一頓。

DATA基本資料

- 分類：大嘴海鞘屬
- 高度：15～25公分
- 深度：300～1000公尺
- 分布：太平洋、日本海沿岸、南極海

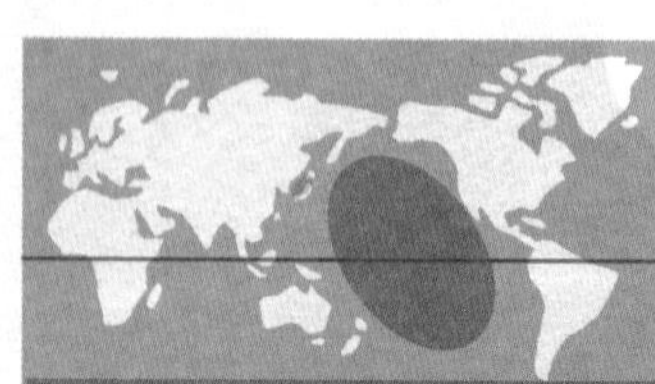

大嘴海鞘會讓嘴巴迎向水流過來的方向喔！

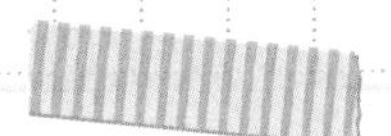

埋伏

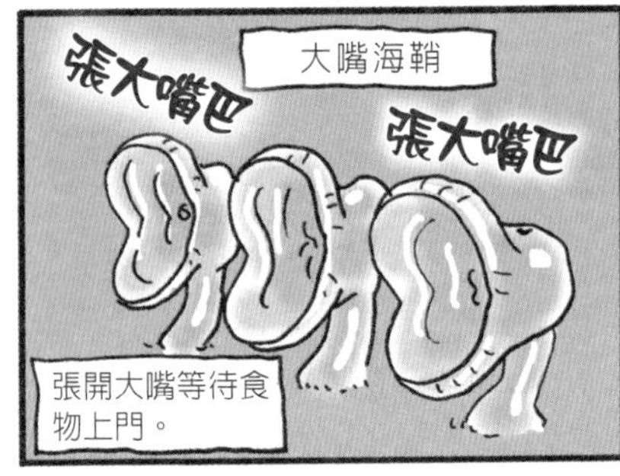
大嘴海鞘
張大嘴巴
張大嘴巴
張開大嘴等待食物上門。

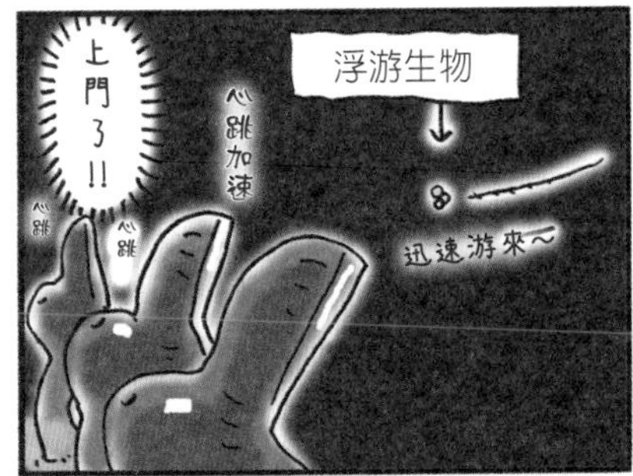
上門了!!
心跳加速
心跳
心跳
浮游生物
迅速游來～

我抓!

細細 咀嚼
你們兩個滾遠一點!
在深海生活還真是不容易啊～

4 軟QQ的深海生物

冷知識 大嘴海鞘受到刺激時，身體會縮成小小一團。

軟QQ

FILE_047

熊海參

在超深淵層的海底趴趴走

體內幾乎都是水分
有八隻腳。

在海底趴趴走的海參

熊海參會在非常非常深的深海、也就是超深淵層（p.8）的海底爬行，吃著海底的淤泥。

牠們是靠著吃淤泥，來攝取淤泥所含有的極少養分。

熊海參既不會游泳，也無法浮起。

DATA基本資料

- 分類：熊海參科
- 身長：5公分
- 深度：超過6500公尺以上的深海
- 分布：太平洋

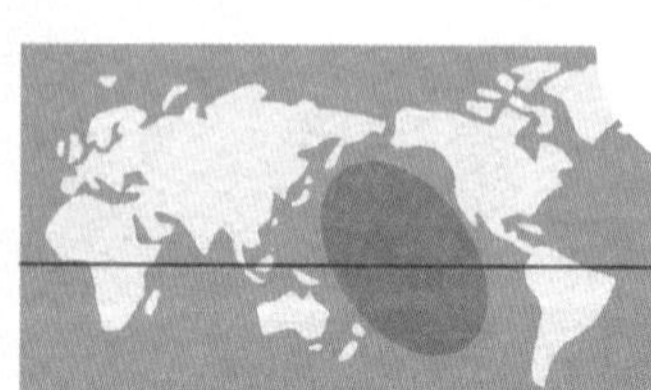

熊海參的身體表面看似光滑，但其實粗糙不平喔！

深海裡的可愛海參

為了尋求新天地，可愛海參們努力往前進。
慢香香
慢香香
慢香香

我們今天要走多遠呢？
我想想……

就走到有個明顯界線的地方吧！
收到!!

在深海的海底要找到有明顯界線的地方……
根本就不可能呀～

深海裡的可愛海參　續篇

可愛海參們的旅程仍然持續著。
肚子好餓喔～
我也是～
好吧！來吃飯吧！

咀嚼
咬咬
咀嚼
咬咬
咀嚼

海參們的食物是淤泥，
咬咬
咬咬
咬咬
咬咬
多遠的旅程都不成問題了！

冷知識　熊海參的同類當中，有些海參的背上長有各種突起部位（疣足）喔！

FILE_048

❷❶ 海豬 長尾蝶參

超深淵層的淤泥貪吃鬼

1 嘴巴四周有許多觸手。
2 形狀如風帆般的突起部位。
1 有10～14隻可以爬行的腳（管足）。
2 有各種顏色的長尾蝶參。

專吃淤泥的深海海參們

就像其他海參一樣，海豬和長尾蝶參也是專吃海底的淤泥來攝取養分。海豬會利用嘴巴四周的觸手默默地吃著海底的淤泥，這樣的貪吃模樣讓牠有了「Sea pig（海豬）」的名字呢。長尾蝶參身上的突起部位就像一頂烏帽，所以在日本被取名為「烏帽海參」。

這兩種海參有時也會結伴成群一起行動喔！

DATA基本資料

- 分類：❶熊海參科
  ❷尾蝶參屬
- 身長：❶10公分 ❷2～30公分
- 深度：❶500～10000公尺
  ❷2000～6000公尺
- 分布：❶❷全世界所有海域

動作敏捷的海參

熊海參們今天也持續旅行著。
等一下！拜託讓我加入你們！

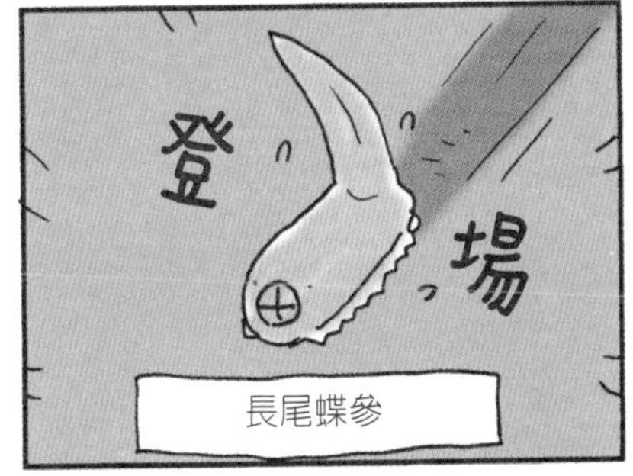
登場
長尾蝶參

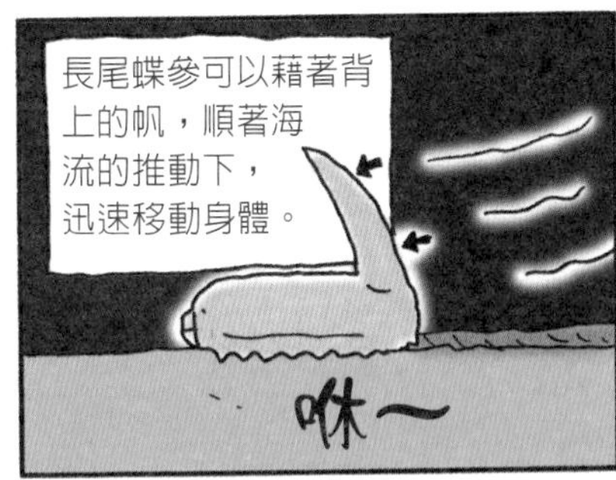
長尾蝶參可以藉著背上的帆，順著海流的推動下，迅速移動身體。
咻～

拜託帶我一起去新天地……
啊～停不下來啦！
咻～
深海裡總是有很多奇奇怪怪的生物。

海參好朋友

熊海參們在旅途中遇上了海豬。

你們背上那些輕飄飄的東西是什麼啊？
咦？
輕飄飄？
心跳
加速

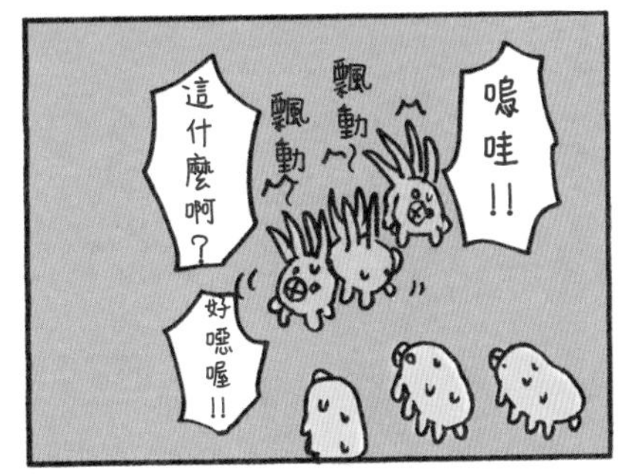
嗚哇!!
飄動～
飄動～
這什麼啊？
好噁喔!!

冷知識　長尾蝶參在日本被稱為烏帽海參，而烏帽是日本古時候的成年男子會戴的一種細長型帽子。

軟QQ

FILE_049

夢海鼠

夢幻美麗的深海舞者

如船兒揚起風帆般的泳姿。
嘴巴四周有20根觸手。

擅於游泳的奇妙海參

夢海鼠游泳時的姿態既夢幻又美麗，因此有了「夢海鼠」這樣的名稱呢。淤泥中所含的養分是夢海鼠的食物，牠們會利用嘴巴四周的20根觸手，抓取淤泥，再送進口中享用。

DATA基本資料

- 分類：浮游海參科
- 身長：20公分
- 深度：300～6000公尺
- 分布：日本近海、太平洋

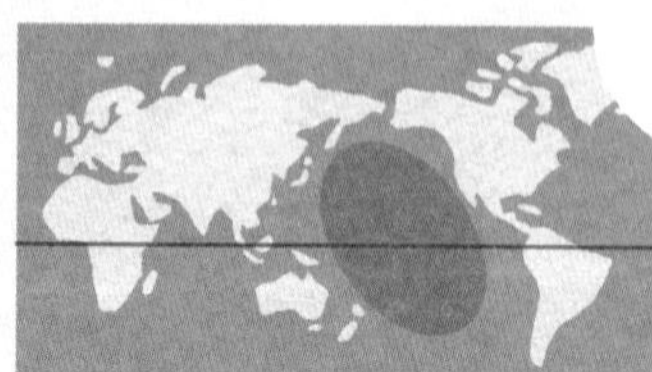

夢海鼠居然會游泳，真是一點也不像海參呢！

太誇張了吧！

你每次都是從深海底游上來的吧？
對啊！
扭來～
扭扭～

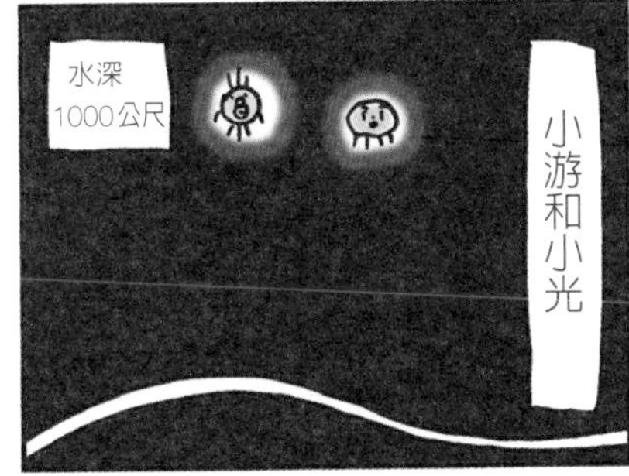

小游和小光
水深1000公尺

超深海底
水深6000公尺
蹬！

太誇張了吧！你是游多遠啊?!
扭來～
呵呵呵
扭扭～

會游泳的海參

夢海鼠，
一種會游泳的海參。
搖擺～
搖擺～

平時，夢海鼠總會趴在深海海底吃著淤泥。
細細
咀嚼

有時候……
蹬！

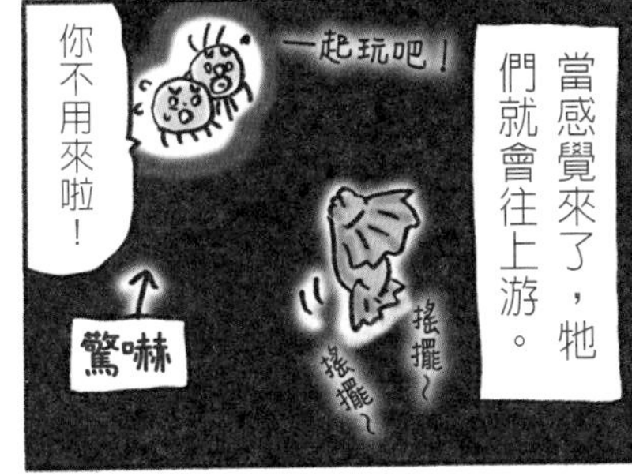

當感覺來了，牠們就會往上游。
一起玩吧！
你不用來啦！
驚嚇
搖擺～
搖擺～

冷知識 夢海鼠的身體前後都有看似鬃毛的部位，是由管足演變而成的。

FILE_050

浮在水中跳舞的海參？ ①杜比亞海參(Peniagone dubia) ②利安德海參(Peniagone leander)

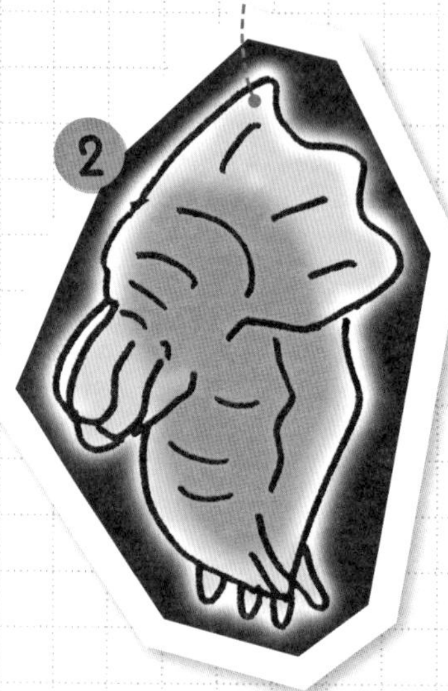
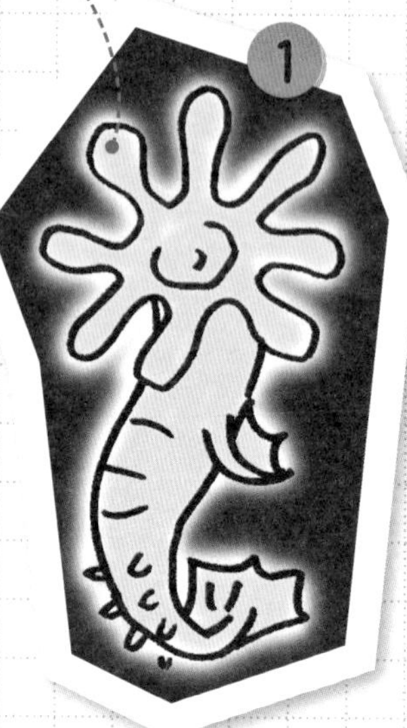

管足演變而成的部位。

在深海裡游泳找尋食物

杜比亞海參和利安德海參會從海底往上跳，或在海中游泳，那模樣看起來就像開心地跳著舞呢。

比起淺海，深海裡含有養分的淤泥不多，所以海參們必須游著泳尋找食物。

DATA基本資料

- 分類：①②熊海參科
- 身長：①10公分　②30公分
- 深度：①1500～2850公尺
  ②3700～5000公尺
- 分布：①太平洋、鄂霍次克海
  ②太平洋

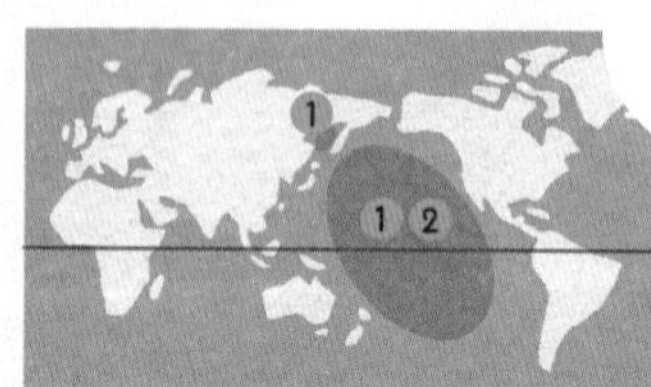

1
1 2

這些海參看起來無憂無慮的樣子！

好朋友

那我去找好朋友玩了喔！
慢走喔～

好朋友①
利安德海參

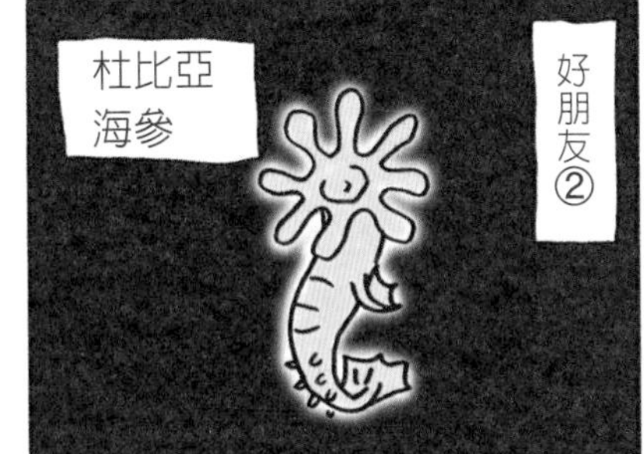
好朋友②
杜比亞海參

介紹給你認識喔！
不用吧?!

跳舞

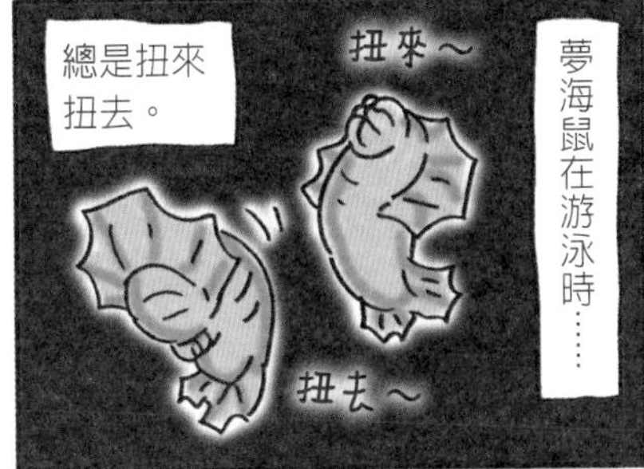
夢海鼠在游泳時……
總是扭來扭去。
扭來～
扭去～

利安德海參在游泳時……
像在跳傳統舞蹈。
嘿咻！
嘿咻！
嘿咻！

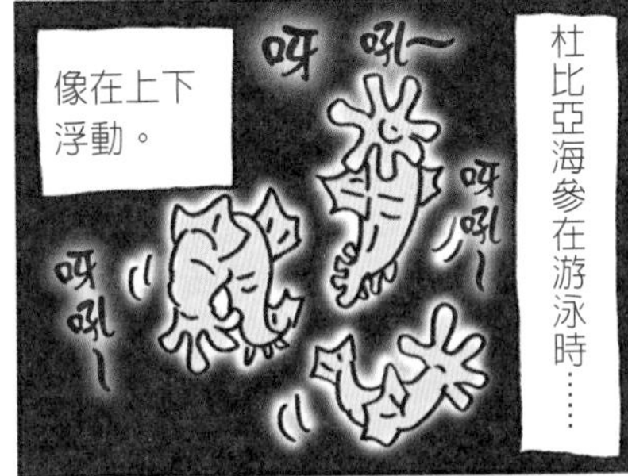
杜比亞海參在游泳時……
像在上下浮動。
呀吼～
呀吼～
呀吼～

明明都是海參，也太有活力了吧!!
扭來～
嘿咻！
呀吼～
扭去～
嘿咻！
深海裡偶爾也會有熱鬧的時候。

冷知識 利安德海參在日本被稱為「Okesa海參」，Okesa是日本新潟縣的一種傳統舞蹈民謠。

ちょこっと
深海小報

NO.7

與深海有關的工作

在深海現場的工作

深海世界裡還有許多人類不知道的事物。與深海有關的工作當中，第一項就是直接前往深海進行調查。這項工作的內容包羅萬象，像是負責設計、製造、整備潛水艇以及調查儀器，或是負責調查、研究深海環境以及深海生物等等。在日本有一個國家機關叫作「海洋研究開發機構（JAMSTEC）」，目前大約有1100名研究家和技術人員在那裡工作。

介紹深海的工作

將研究成果讓更多人了解，也是一項重要的工作。像是在水族館或博物館裡，會有飼育員負責飼育深海生物，也會展示深海生物的生活模樣，或發表研究成果讓民眾知道。而日本的海洋研究開發機構（JAMSTEC）則是會透過網路公布或其他方式，把包含深海在內、與整體海洋開發有關的調查研究結果呈現出來。

等你們呦～
大家看了這麼多種類的深海生物後，是不是覺得很有趣呢？如果有人想要親眼見一見深海生物的真實模樣，隨時歡迎來深海裡找我們喔！
結語
水母的道別話語
聽說你們陸地上也有可以看到深海生物的地方啊？大家可以先去那些地方尋找我們的蹤影喔!!
一定要找我們喔!!
本書完

〈參考文獻〉『深海生物～奇妙で楽しいいきもの～』、『深海生物大百科』、『深海生物大事典』、『オールカラー深海と深海生物 美しき神秘の世界』、『深海魚ってどんな魚？ ー驚きの形態から生態、利用ー』

科學驚奇探索漫畫系列！

《恐龍白堊紀冒險》
人類和恐龍生存的世界
有哪裡不同？

《昆蟲世界大逃脫》
生物的種類，
有半數以上都是昆蟲。

《人體迷宮調查！食物消化篇》
食物吃進肚子裡後，
是怎麼變成糞便的？

《人體迷宮調查！血液冒險篇》
莎拉老師每天容光煥發的祕密
是什麼？

更多好書

《病毒入侵危機！》
認識身體裡強大的防衛隊！

WOW 驚喜百科系列

200個
有趣知識
WOW!
驚喜百科1
用AR
認識動物
ENCYCLOPEDIA IN AUGMENTED REALITY

用 AR 認識動物

AR 技術讓動物跳到書本上
200 個引人入勝的知識

WOW!
驚喜百科2
用AR認識恐龍
WOW! DINOSAURS ENCYCLOPEDIA IN AUGMENTED REALITY
150個
有趣知識

用 AR 認識恐龍

認識恐龍最佳入門書！
最新發現與趣味小知識一把抓！

260個
有趣知識
WOW!
用AR
認識海洋

用 AR 認識海洋

WOW!
用AR
認識世界奇觀

用 AR 認識世界奇觀

WOW!
用AR
認識植物

用 AR 認識植物

WOW!
用AR認識昆蟲
18
177

用 AR 認識昆蟲

國家圖書館出版品預行編目資料

悠哉悠哉深海生物圖鑑 / 石垣幸二作；そにしけんじ漫畫；林冠汾譯. -- 初版. -- 臺中市：晨星，2020.06
面；公分. --（IQ UP；25）

譯自：ゆるゆる深海生物図鑑

ISBN 978-986-5529-05-5（平裝）

1.動物圖鑑

366.9895　　109005306

線上填回函，立即獲得晨星網路書店50元購書金。

IQ UP 25

悠哉悠哉深海生物圖鑑
ゆるゆる深海生物図鑑

監修	石垣幸二
漫畫	そにしけんじ
譯者	林 冠 汾
原著編輯協力	株式会社タクトシステム
責任編輯	呂 曉 婕
封面設計	鐘 文 君
美術設計	曾 麗 香
文字校對	柯 冠 志 、 呂 曉 婕
創辦人	陳 銘 民
發行所	晨星出版有限公司 407 台中市西屯區工業 30 路 1 號 1 樓 TEL：04-23595820　FAX：04-23550581 行政院新聞局局版台業字第 2500 號
法律顧問	陳思成律師
初版	西元 2020 年 06 月 20 日
再版	西元 2024 年 01 月 20 日（三刷）
讀者服務專線	TEL:（02）23672044 /（04）23595819#212
讀者傳真專線	FAX:（02）23635741 /（04）23595493
讀者專用信箱	service@morningstar.com.tw
網路書店	https://www.morningstar.com.tw
郵政劃撥	15060393（知己圖書股份有限公司）
印刷	上好印刷股份有限公司

定價 280 元

（缺頁或破損，請寄回更換）

ISBN 978-986-5529-05-5